老旧小区改造理论与实践系列丛书

城镇老旧小区改造“新通道”研究

RESEARCH ON THE “NEW PATH” OF THE RENOVATION OF OLD URBAN RESIDENTIAL AREAS

王贵美　王慧娟　著

中国建筑工业出版社

图书在版编目（CIP）数据

城镇老旧小区改造“新通道”研究 = RESEARCH ON THE “NEW PATH” OF THE RENOVATION OF OLD URBAN RESIDENTIAL AREAS/王贵美，王慧娟著. —北京：中国建筑工业出版社，2023.12（2024.6 重印）

（老旧小区改造理论与实践系列丛书）

ISBN 978-7-112-29448-0

Ⅰ. ①城… Ⅱ. ①王… ②王… Ⅲ. ①城镇—居住区—旧房改造—研究 Ⅳ. ①TU984.12

中国国家版本馆CIP数据核字（2023）第244488号

责任编辑：朱晓瑜 张智芊
文字编辑：李闻智
责任校对：赵 力

老旧小区改造理论与实践系列丛书
城镇老旧小区改造“新通道”研究
RESEARCH ON THE “NEW PATH” OF THE RENOVATION OF OLD URBAN RESIDENTIAL AREAS
王贵美 王慧娟 著
*
中国建筑工业出版社出版、发行（北京海淀三里河路9号）
各地新华书店、建筑书店经销
北京建筑工业印刷有限公司制版
北京市密东印刷有限公司印刷
*
开本：787毫米×1092毫米 1/16 印张：11½ 字数：217千字
2024年5月第一版 2024年6月第二次印刷
定价：**55.00**元
ISBN 978-7-112-29448-0
（42199）

电话：（010）58337283 QQ：2885381756
（地址：北京海淀三里河路9号中国建筑工业出版社604室 邮政编码：100037）

前言

随着全国城镇老旧小区改造工作的持续推进，住在老房子里的居民的生活正在悄悄发生变化：整治飞线管网后的环境洁净焕新，被盘活的用地让停车不再犯难，加装电梯后的老人爬楼不再费力……作为重大民生工程和发展工程，城镇老旧小区改造对满足人民群众美好生活需要、推动惠民生扩内需、推进城市更新和开发建设方式转型、促进经济高质量发展都具有十分重要的意义。

然而由于我国城镇老旧小区总量多、分布广，老旧小区的建造年代、布局形式、开发类型、人群结构和管理方式等均存在着较大的差异，我国城镇老旧小区改造工作的开展势必面临着资金筹措难、利益协调难、成效维持难等诸多困难。

与此同时，在城市更新背景下，城镇老旧小区居民的需求与要求日益提升，不仅需要住上“好房子”“好小区”，更需要生活在有良好配套的“好社区”“好街区”中。此外，随着我国老龄化加剧，新时代下数字革命到来，居民对适老化、数字化等建设也提出了更高的要求。在接下来的老旧小区改造中，难度也越来越大。对于一些没有留存价值、存在安全隐患的老旧小区，采用“留改拆增”模式也成为各地探索的一个方向。在这一过程中，“以居民（改造受益者）为改造主体”的模式将会为未来老旧小区改造，乃至城市更新项目奠定基础。由此，城镇老旧小区改造变成了政府惠民生、暖民心必须啃下的“硬骨头”。

面对一系列的难点与考验，如何用更少的资金实施更多的老旧小区改造、保障长效管理？如何激发居民自主更新的动力？如何更好运用市场化手段集聚社会力量参与其中？如何更好找到城市更新与文化保护的平衡点？如何让改造工作从成果“有没有”向品质“好不好”转变？这些问题，社会各界亟待思考。本书聚焦当今城镇老旧小区的新要求、新问题和新难点，致力于在深入的研究和调研中打开城镇老旧小区改造的“新通道”，突破现行城镇老旧小区改造模式的困境，提升新时期城镇老旧小区改造的“加速度”。

踔厉奋发，踵事增华，城镇老旧小区改造工作任重而道远。衷心地感谢为本书付出的所有专家、同行，希望本书成果能为城市更新工作提供较有价值的一角一隅，也期待广大读者朋友能为本书提供宝贵的意见与建议。

王贵美

2024 年 3 月于杭州

目　录

第一章

绪　论

截至2022年，我国城镇化率已达到65.22%，我国城市建设正逐步从增量提升转为存量优化的新常态，城市更新日益成为城市发展的主旋律。2020年，《中共中央关于制定国民经济和社会发展第十四个五年规划和二〇三五年远景目标的建议》明确提出“实施城市更新行动”，这是党中央对进一步推动城市高质量发展作出的重大决策部署。2022年，党的二十大报告中提到，提高城市规划、建设、治理水平，加快转变超大特大城市发展方式，实施城市更新行动，加强城市基础设施建设，打造宜居、韧性、智慧城市，这标志着城市更新已上升为国家战略。2023年，住房和城乡建设部印发《住房城乡建设部关于扎实有序推进城市更新工作的通知》（建科〔2023〕30号），进一步明确了城市更新的具体工作要求。实施城市更新行动，成为城市发展新形势下，推动城市高质量发展的必然要求。

城镇老旧小区改造是城市更新行动的重点内容，一头连着民生，一头连着发展。回顾我国老旧小区的改造历程，以2007年以前的自发式碎片化改造阶段为起点，经历2007—2015年全国层面缓慢推进阶段，再到2016—2019年的改造探索阶段，于2020年起正式进入了全国各地综合改造的加速阶段。2020年7月，《国务院办公厅关于全面推进城镇老旧小区改造工作的指导意见》（国办发〔2020〕23号）发布，提出要以高质量发展的要求指导全国老旧小区规范化、可持续改造，提升城镇居民人居环境品质。全国各地认真贯彻党中央、国务院决策部署，积极探索推进城镇老旧小区改造，取得显著进展，在基础设施改造、人居环境改善、公共服务品质提升等方面形成了诸多可复制推广的好经验、好做法，人民群众的幸福感、获得感、安全感得到了显著提升，也进一步促进了城市经济的增长，收获了巨大的经济效益与社会效益。

新时期下的城镇老旧小区改造工作面临着更高的要求。2023年7月，住房和城乡建设部等部门印发《关于扎实推进2023年城镇老旧小区改造工作的通知》，以努力让人民群众住上更好的房子为目标，从好房子到好小区，从好小区到好社区，从好社区到好城区，持续推进城镇老旧小区改造工作。然而，随着老旧小区居民对居住环境、无障碍设施、适老化服务、数字社区治理等方面的需求不断提高，当前城镇老旧小区改造的现状难以适应人民群众日益提高的生活需求。延续单一改造与传统思维的城镇老旧小区改造模式，已然无法契合老旧小区改造既是“民生工程”，又是“发展工程”，更是“社会工程、治理工程”的定位，也与“以人为本”“人民城市人民建”的宗旨有距离，在改造过程中也逐渐暴露出资金难获取、需求难满足、意见难统一、成效难保持等难点问题。同时，由于地方政府主要领导的重视程度不同、部门条块职责不清、现状基础相差较大、配套服务企业特别是通信运营商等单位的配合力度受限等，城镇老旧小区改造工作继续高质量推进的难度不断加大，也影响着城市更新的全面开展和推进，城镇老旧小区改造工作已经步入“瓶颈期”。

面对城市高质量发展这一新形势，亟须用“清零”的思维、理念、方法和模式，在吸取国内外城市更新“典型经”的基础上，重建城镇老旧小区改造工作的机制和体系，开启城镇老旧小区改造的“新通道”。在新阶段老旧小区迭代升级的改造工作中，要始终坚持城市体检先行、实施城市更新再规划、赓续城市历史文化、开展“留改拆”精准营造、建设老旧小区“五高”要素、强化城市运营商治理模式等，走出一条全新的城市更新之路，实现城市经济、文化、社会、生态等多重价值的同步提升。

城镇老旧小区改造是一项长期的系统工程，是人民群众提升获得感、幸福感和安全感的关键抓手，具有重要战略意义。展望我国的城镇老旧小区改造，需要进一步将理论和实践相结合，在实施城市更新的总体思路下，打造宜居、韧性、智慧的城市形态，并着眼于人民群众日益多样化的需求，坚持人民城市人民建、人民城市为人民，站在发展的高度和统筹的角度去研究和谋划城市发展的未来，探索城镇老旧小区改造“新通道”，满足新需求，改出新活力，实现新突破。面对城镇老旧小区改造，我们需要秉记“靡不有初，鲜克有终”的忠告，不忘初心，赓续前行，期待与社会各界携手，共同奏响新时期城镇老旧小区改造的“协奏曲”，擘画城市高质量发展的新蓝图！

第二章

国内外城市更新和既有住宅改造的“典型经”

第一节 城市更新理论的发展

一、城市有机更新理论

1989年，中国科学院和中国工程院两院院士吴良镛基于对北京旧城的改造实践，将生物学的“有机”概念引入城市建设中，提出了“城市有机更新”理论，即把城市视为一个生命体来对待，按照城市内在发展规律，顺应城市肌理，通过“新陈代谢”达到“有机秩序”的过程，注重发展的延续性、整体性和合理性。

吴良镛教授表示，提出“有机更新”是从城市的“保护与发展”出发的，是基于对城市历史理论研究和从20世纪50年代以来对旧城发展观察思索所得出的结论。这种理论的基本出发点与最近十多年来西方学者所提倡的“持续发展”战略是接轨的[1]。“有机更新”理论最早可以追溯到美国建筑学者伊利尔·沙里宁（Eliel Saarinen）在《城市：它的发展、衰败与未来》（1986）书中提出的“有机秩序”理论，其将城市视为“有机体”，强调城市发展应该遵循从混乱的集中到有序的疏散这一顺序[2]，城市建筑应该组成彼此协调的良好关系，最终把城市中形式多样的有机体，合成为一个和谐的统一体[3]。

吴良镛在《北京旧城与菊儿胡同》（1994）一书中将“有机更新”理论总结为:“采用适当规模、合适尺度，依据改造的内容与要求，妥善处理目前与将来的关系——不断提高规划设计质量，使每一片的发展达到相对的完整性，这样集无数相对完整性之和，即能促进北京旧城的整体环境得到改善，达到有机更新的目的。”[1]

秦迪等（2019）基于基层实践，对城市有机更新面临的难点作了分析，包括资金来源、建设用地指标制约，以及如何处理城市遗产保护和文化传承问题。

曹恺宁（2011）认为，城市有机更新不仅注重生态环境和技术手段，更重视历史文化的传承和美学原则的应用[4]。武联（2007）、肖岚（2009）也认为对历史街区和历史风貌区进行保护应采取有机更新模式，即通过分片区、小规模、渐进性的方式，在政府规划政策引导下，该模式极具灵活性，有利于公众的参与。

伍江（2023）认为，城市有机更新是一个复杂、综合、动态的周期性闭环过程，包含政策制定、规划设计、建设实施和运维管理等多个核心环节，并总结和提出“有机更新”的三大特质，即“协同发展”的空间特质、“渐进发展”的时间特质及“健康发展”的韧性特质[5]。

在城市实践方面，2017年，上海市发布《关于坚持留改拆并举深化城市有机更新进一步改善市民群众居住条件的若干意见》《关于深化城市有机更新促进历史风貌保护工作的若干意见》等文件，强调“深化城市有机更新、促进历史风貌保护”。2021年，《上海市国民经济和社会发展第十四个五年规划和二〇三五年远景目标纲要》明确提出，加强政策有效供给推动城市有机更新。完善城市更新法规政策体系，积极开展政府与企业的多方式合作，探索城市有机更新中的实施路径、推进方式和资源利用机制，形成可复制的城市更新行动模式。

2020年，《成都市城市有机更新实施办法》指出，“以公园城市建设引领城市有机更新，创新城市发展模式”和“城市有机更新是指对建成区城市空间形态和功能进行整治、改善、优化，从而实现房屋使用、市政设施、公建配套等全面完善，产业结构、环境品质、文化传承等全面提升的建设活动”。

2021年，江苏省发布《江苏老旧小区改造（宜居住区创建）技术指南》，明确工作目标为“建设美丽宜居住区，引导老旧小区改造从局部走向系统、从综合整治走向有机更新，以点带面推动我省美丽宜居城市建设”。

综上所述，城市作为有机体，在进入常态化的代谢更新过程时，应该遵循其原有的发展逻辑，有机更新的内涵也包含城市发展的方方面面：城市经济提能增效，创造经济活力；城市公共服务能力扩容；城市空间品质不断改善，功能布局趋于合理；城市历史文化遗产得以保护，城市文化基因得到延续；城市生态环境不断改善，实现绿色发展。

二、新城市主义理论

新城市主义也称新都市主义。20世纪60年代，第二次世界大战之后美国城市建设不断扩张，使得不少城市化率达到70%以上。随之而来的是“城市病”越来越突出，进而引发中心城区过度密集、环境日益恶化、城市交通堵塞等一系列问题。由此产生了城市离心化现象，即城市居民搬到郊区居住，以汽车作为与城市的连接，提出了“花园住宅、充足阳光和私家车”郊区生活。然而，郊区低密度、独立式住宅分布的住区功能极为单一，缺乏必要的商业、娱乐功能；同时，人与人的关系变得割裂，阶层空间隔离越发显著，公共资源的利用效率极低。由此，新城市主义在美国诞生，以此重建郊区住区公共生活。新城市主义最主要的理论来源是霍华德的“田园城市”和奥姆斯特等人的“紧凑城市”思想[6]。

刘勇（2012）认为，新城市主义对城市住区和城市其他部分功能的关系提出了新的理念与主张，由此对城市空间组织、功能组合、道路交通、设施配套、景观风貌等各个方面产生了影响[7]。张侃侃（2012）对新城市主义倡导的社区规划作了具体介绍：适宜步行（5～10min）的邻里环境；建立连通性格网式的公交系统；城市功能混合的土地利用；多样化社会阶层混居的住宅体；高质量的住宅建筑和场所设计；有可辨别的中心和边界、传统的邻里结构与街区组织，跨度限制在0.4～1.6km；促进更加有效地利用资源和节约时间的高密度；公共政策导向的精明发展管理，即以邻里为单元构建紧凑型的空间结构、道路网络连接、历史建筑更新和混合分区的社区环境[8]。

新城市主义的社区开发包括两种模式：传统邻里社区开发（TND）模式和以交通为导向的社区开发（TOD）模式。“TND模式”倡导回归传统邻里住区的设计尺度，采用格网式的道路骨架，以5min步行距离——400m为半径确定每个街区规模。“TOD模式”是从步行街区的形态发展而来，强调土地用途混合使用，掌控公共交通干线及车站与购物中心至社区的边界之间不超过600m的步行距离[9]。比较这两种模式（表2-1），“TND模式”注重建筑细节、街区设计及社会、经济和环境，偏向城市设计层面；“TOD模式”关注居住、商业单元间的紧凑开发，重视区域间的交通联系[9]。

表2-1 新城市主义两种实施模式比较

<table>
<tr><th>模式</th><th>TND模式</th><th>TOD模式</th></tr>
<tr><td>侧重点</td><td>建筑细节、街区设计及社会、经济和环境</td><td>居住、商业单元间的紧凑开发，区域间的公交连接</td></tr>
<tr><td>相似点</td><td colspan="2">高质量的城市设计、紧凑混合的土地功能、多类型住宅混合、可达性环境、多选择的交通模式、尺度宜人的街道和街区、友好的公共空间、便捷的城市服务设施、融合的邻里氛围</td></tr>
</table>

蔡辉和贺旭丹（2010）认为，由于中美城市化背景、城市化模式具有差异性，土地所有制性质不同，新城市主义不能完全适用于中国国情，但是新城市主义提倡的积极发展多层次、有序、完善的交通服务系统；注重塑造具有归属感的邻里社区；注重公平性原则；地域风格、历史文脉和创新并重等理念[6]，对于中国城市建设和城市更新具有借鉴意义。

张衔春等（2013）同样认为，中国不能对美国新城市主义照搬照抄或机械滥用，中国住区规划和居住理念有别于西方，中国的新城市主义社区规划与设计应该遵循：城市道路及通勤交通公正、社区资源共享、社区公共空间可达、社区紧凑与生态可持续、社区场所文化可持续五大原则[10]。

综上所述，新城市主义是美国在城市化到一定阶段，在中心旧城区逐步空心化而提出的住区规划理念，我国传统住区具有封闭性、重居住功能轻公共空间等特点，不能完全套用美国新城市主义，但其提出的以步行距离确定街区规模、土地功能混合开发、公共交通可达性、注重邻里关系维护等理念对我国社区规划或再规划具有借鉴价值，尤其是我国当前提出的15min社区生活圈规划、完整社区等理念具有重要影响，这也是我国全面推进城市更新过程中需要补齐的短板。

三、城市双修理论

"城市双修"理念是国家基于转型期城市发展特征提出的城市更新手段，是新常态下对城市存量土地和资源进行挖掘、改造和再利用的新方法[11]，具体指的是城市修补和生态修复。2015年6月，住房和城乡建设部同意将三亚市列为城市修补生态修复（城市双修）、海绵城市和综合管廊建设城市（双城）综合试点。

2015年12月，中央城市工作会议提出："要加强城市设计，提倡城市修补，加强控制性详细规划的公开性和强制性。要大力开展生态修复，让城市再现绿水青山。"这是城市双修概念首次在政府层面被提出。2016年2月，中共中央和国务院发布的《关于进一步加强城市规划建设管理工作的若干意见》提出"有序实施城市修补和有机更新""制定并实施生态修复工作方案"[12]，这是对城市修补和生态修复工作的进一步明确。

2017年3月，基于三亚市"城市双修"试点经验，住房和城乡建设部发布《住房城乡建设部关于加强生态修复城市修补工作的指导意见》（建规〔2017〕59号）（以下简称《指导意见》），开始全面部署开展"城市双修"工作，以点带面推动城市转型发展。《指导意见》提出开展生态修复、城市修补（以下统称"城市双修"）是治理"城市病"、改善人居环境的重要行动，是推动供给侧结构性改革、补足城市短板的客观需要，是城市转变发展方式的重要标志[13]。其中，城市修补指填补基础设施欠账、增加公共空间、改善出行条件、改造老旧小区、保护历史文化和塑造城市时代风貌等。生态修复指加快山体修复、开展水体治理和修复、修复利用废弃地和完善绿地系统等。

近几年，住房和城乡建设部积极推动美丽宜居城市和社区建设，提高各城市的生态宜居性和可持续性，让人民群众有更多的获得感和幸福感。截至目前，共有58个城市被列入"城市双修"试点城市名单。

随着政策的推进，相关研究也不断涌现。雷维群等（2018）结合Roberts的综合性城市更新理念，认为"双修"是综合而多维的城市更新理念，是针对城市快速发展中生态环境、用地结构、建设风貌、人地和谐等方面而开展的多层次、多视角的修复与修补活动，重点在于“两手抓”[14]。杜立柱等（2017）将“城市双修”进一步理解为是对城市从宏观到微观多层次、多方面的更新和修补，在内容上仍然以生态修复和城市修补为核心。

“城市双修”内容框架图如图2-1所示。

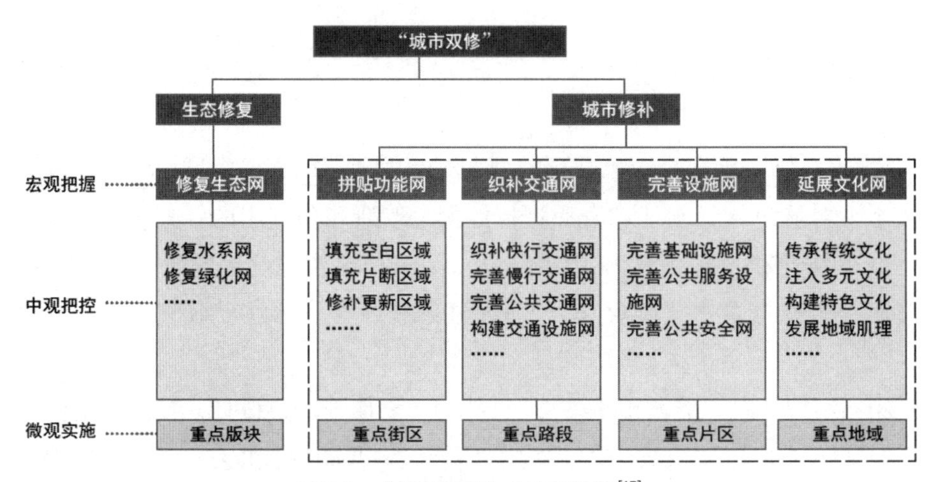

图2-1 “城市双修”内容框架图[15]

颜会闾和王晖（2019）认为，“城市双修”涉及城市交通、景观、风貌和空间等多种要素的组合提升，且是一个动态持续演变的过程，需要适应时代变化作出相应调整，并由此构建了复杂适应性（CAS）模型（图2-2）。

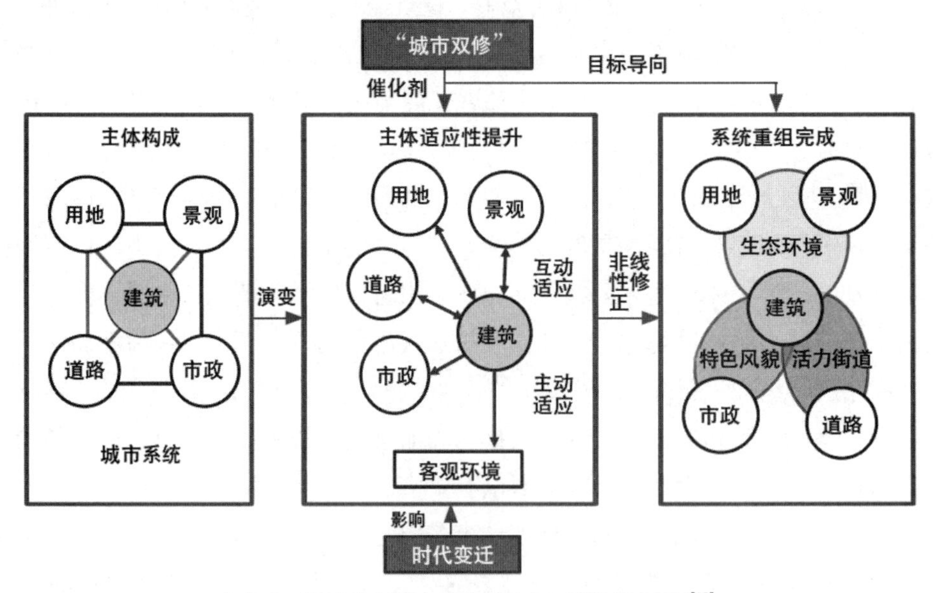

图2-2 以建筑为适应性主体的CAS模型示意图[16]

张晓东（2021）基于“城市双修”背景构建了老旧社区更新框架（图2-3），社区硬性更新方面可通过更新社区空间，对房屋建筑本体与公共区域的设施、设备进行完善与更新；软性方面重点促进社区居民通过“社区营造”和社区自治，调动居民的积极性，提升居民参政、议政水平，加速城市功能转型，完善现代治理体系。

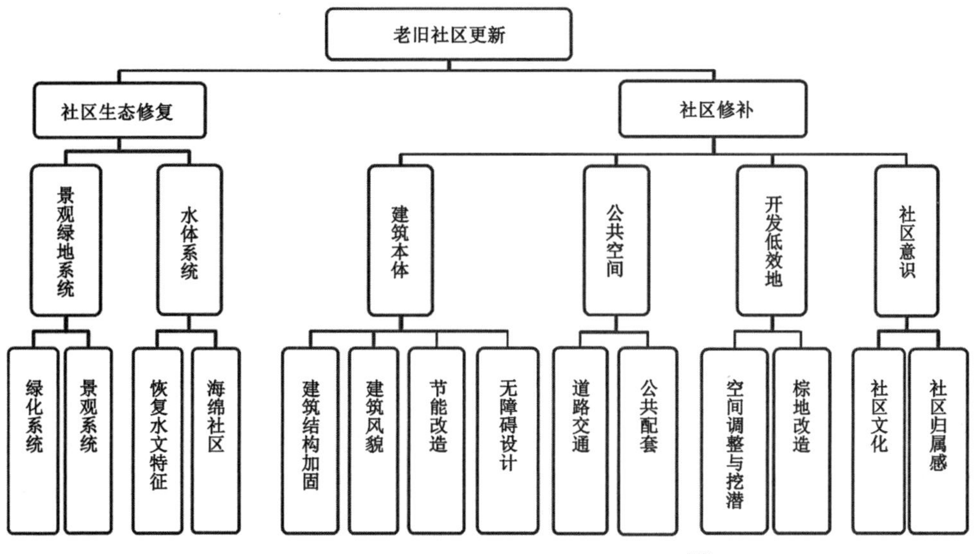

图2-3 “城市双修”下老旧社区更新框架[17]

综上所述，“城市双修”概念是我国在快速城市化发展过程中，为解决“城市病”而提出的。但不同于新城市主义，我国先从政策层面提出“城市双修”理论，继而展开相关研究。“城市双修”既要改善城市空间环境，又要提升城市生态环境，同时改变城市社会环境，从而引导城市向可持续、生态化和精细化转型发展。由此，我国“城市双修”理论和城市更新理论是一脉相承的，在吸收国外先进经验和理论的同时，又针对我国现实问题来不断完善城市发展理论。

四、可持续发展理论

1980年，国际自然保护同盟在《世界自然保护大纲》中最早提出可持续发展（Sustainable Development）这一新概念：“必须研究自然的、社会的、生态的、经济的以及利用自然资源过程中的基本关系，以确保全球的可持续发展。”1987年，世界环境与发展委员会（WCED）在《我们共同的未来》报告中，第一次阐述了可持续发展理念，即“可持续发展是一种发展模式，既满足现在的需求，又不对后代人满足其需求的能力构成危害的发展”，强调“发展是有限制的，没有限制就没有发展的持续”，该理念迅速在全球范围内取得共识。

可持续发展涉及公平性、可持续性、共同性、3R（减量化、再利用、再循环）等原则。随着可持续发展在经济、生态、社会、资源、人口等多个领域发挥作用，城市可持续发展也有了更多理论和实践。1992年，世界卫生组织（WHO）提出，城市可持续发展要求充分发挥城市的潜力，在资源最小利用的前提下，使城市经济朝着稳健、高效、高质、创新的方向演进。

Newman（2006）将城市可持续性定义为:在城市容量限制范围内，降低生态足迹（能源、水、土地材料、废物），同时提高人们的生活质量（健康、住房、就业社区……）[18]。

杨雪芹（2008）认为，城市可持续发展追求一种公平、公正、持续的发展，即从时间上要满足当代与后代之间的公平，从空间角度城市要与其相联系的区域（城市腹地）之间保持公平。可持续发展城市追求各个层次、各个领域的可持续发展[19]。

成文利（2004）认为，城市可持续发展应该包含城市住区可持续发展、城市基础设施可持续发展、城市生态环境可持续发展、社会经济可持续发展，这些子系统相互关联，相互作用。其中，城市住区可持续发展是城市人居环境可持续发展的核心内容[20]，因此需要着重关注城市居民住房与居住环境问题。

1992年，联合国发布《21世纪议程》，在促进人类住区的可持续发展方面提出：① 向所有人提供适当住房；② 改善人类住区管理；③ 促进可持续的土地利用规划和管理；④ 促进综合提供环境基础设施管理：水、卫生、排水和固体废物管理；⑤ 促进人类住区可持续的能源和运输系统；⑥ 促进灾害易发地区的人类住区规划和管理等；⑦ 促进可持续的建筑业活动；⑧ 促进人力资源开发和能力建设以促进人类住区发展[21]。

赵琨（2008）从可持续人居环境与建筑出发，认为应关注建筑与自然环境、社会环境的共生关系，包括节约利用土地资源；住区绿化布置；环境生活多样性保护；保护古建筑和传统街区；使用绿色建筑材料；使用清洁能源等。

2015年，联合国通过了《2030年可持续发展议程》，该计划的第11项目标是城市发展可持续，认为城市应确保获得安全和负担得起的住房、公共交通和公共绿地。城市应该能够抵御自然灾害，保护那些处于弱势的人，同时最大限度地减少经济损失，即“城市和人类住区具有包容性、安全性、韧性和可持续性”。实现这一目标除了政府引导，也需要社会可持续性和公民参与。个人可以通过投票支持、参与公共讨论等形式推动城市可持续发展。

综上所述，城市可持续发展理念蕴含了经济、生态、社会、文化多个层面间题，且这一理念受到全球认可。2008年，城市人口首次超过农村人口，城市成为经济增长和创新的引擎，但也造成了社会不平等、生态系统破坏和气候恶化等问题，城市可持续发展理论试图通过城市规划、基础设施建设、交通系统建设、灾害风险应对、教育水平提升等措施来解决这些问题。

五、社区治理理论

要理解社区治理理论，首先应该从社区这一概念出发。1887年，德国古典社会学大师斐迪南·滕尼斯（Ferdinand Tönnies）在《共同体与社会》(*Gemeinschaft und Gesellchaft*）一书中，提出“社区”概念。美国芝加哥学派帕克强调区位对于人类组结方式和行为活动的影响，提出社区的三要素是：人口、地域（空间）、交往关系。“社区”逐渐发展为一个实地研究的单位，社区研究逐渐成为一门新的社会学分支。

中文的社区一词，是我国社会学家费孝通为了区别“Society”和“Community”，从英文“Community”转译而来。费孝通的老师吴文藻先生认为，社区乃是一地人民实际生活的具体表词，它有物质的基础，是可以观察得到的。社区至少要包括下列三个要素：一是人民；二是人民所居住的地域；三是人民生活的方式或文化[22]。费孝通先生认为，“Community”既要有地缘、空间上的接近，也就是“区”；也要有人与人的联系，有直接的互动，也就是“社”——合起来就是“社区”的概念[23]。

美国与欧洲对于社区的研究，主要集中于城市规划学、城市地理学、城市社会学及城市政治学方向。“他们关注比单体建筑物范围更大的场所，如建筑物、街坊、邻里、公园系统、公路走廊或整个新镇。他们研究人们在环境中的行为特性，运用心理学知识，分析人们如何感知控件以及人与人之间如何互动，搜索历史学知识，了解场所的物质形态演化，依据人类学和社会学知识，创造满足社会群体的场所空间。”[24]

西方学者认为，社区治理的主体可以分为公共机构、私人机构及公司合作机构。西方社区治理理论强调，要改变政府主导模式，让更多的私人和公共部门参与到社区治理中来，由非政府组织等第三部门致力于社区服务和管理，满足社区公民的需要，扮演把家庭和社区与广阔社会联系在一起的中介和催化剂的角色[25]。

而在中国，早期的社区作为在一定地域里经营集体生活的共同体，在当时几乎与农村单元一致。20世纪80年代，社区逐渐与“居住区”对应，并作为城市基层管理单元进入政策视野。

2000年，中共中央办公厅、国务院办公厅转发了《民政部关于在全国推进城市社区建设的意见》，首次以中央文件的形式十分全面地提出了城市社会管理中的社区建设议题，该文件对“社区”有了一个明确的定义，社区即指聚居在一定地域范围内的人们所组成的社会生活共同体。2012 年，党的十八大报告首次提出“社区治理”一词，提出在城乡社区治理、基层公共事务和公益事业中实行群众自我管理、自我服务、自我教育、自我监督，是人民依法直接行使民主权利的重要方式。2017年的《中共中央 国务院关于加强和完善城乡社区治理的意见》是我国社区治理的纲领性文件，标志着从中央层面确认了我国社区发展正式进入社区治理新时代。《意见》明确提出“坚持以基层党组织建设为关键、政府治理为主导、居民需求为导向、改革创新为动力，健全体系、整合资源、增强能力，完善城乡社区治理体制”。

随之而来的是，我国学者对社区的治理研究在逐步增加，并认为社区是社区治理主体的活动空间和场所。当前我国社区治理存在着种种问题，学者们基于此提出相应研究策略。

姚何煜和王华（2009）针对城市化加速的背景，认为政府组织、经济组织和民间组织在公共服务和公共管理领域的结合越来越紧密，社区治理逐步由一元主体管理走向多元主体合作的社区共治架构，各治理主体通过运作相应的行动者角色，达成管理资源的有效互补[26]。

陈潭等（2010）认为，社区治理具有三个行为主体，即政府组织、社区组织和社区公众，而社区治理应实现社区自治，关键是将行政机制、市场机制、志愿机制、自治机制有机地结合起来，核心是社区公共产品和公共服务的充分化供给和均等化供给的实现[27]。

宋蔚等（2019）从我国社区治理困境出发，认为我国社区治理存在着治理主体误判、资源不平衡、信任缺失和政社合作困境，并借鉴网络化治理理论，提出应重构社区治理主体，明确社区治理价值导向，构建协作治理机制，坚持依法治理等策略[28]。

庄晓惠和郝佳欣（2016）探讨了我国居民自治组织——居民委员会存在角色定位偏差，疲于应对行政事务，只有推动其角色重塑，成为居民的“代言人”，才能推动我国社区的治理转型[29]。高红和杨秀勇（2018）强调社会组织作为社区增量元素，与社区多元化治理密切相关，是突破社区治理“行政化困境”和“共同体困境”的内源动力[30]。邓国胜等（2021）则提出了物业管理融入城市社区治理的创新路径，包含四个方面：构建共享价值观念、打造社区治理共同体、通过组织创新实现双赢、技术创新赋能智慧物业[31]。

综上所述，社区治理理论在国内实践，是一个宏观政策到微观实践落地的过程，我国经历了从单元制社区管理到社区治理的过程，从社区行政化管理逐步迈入居民自治过程中，需要在基层党建引领下打造社区治理共同体，培育和谐邻里关系，实现多元协商机制，才能为社会治理转型打下基础。

第二节 国外典型城市既有住宅改造的实践

一、英国：进行“自下而上”的社区规划

英国作为工业革命的发源地，也是最早步入城市化进程的国家之一。战后的英国经过恢复重建，持续了十几年的经济繁荣，直至20世纪70年代，英国制造业经历严重下滑，就业岗位骤减、失业人数攀升等现实问题随之而来，整个国家陷入“去工业化时期”，进一步导致经济缺乏活力，造成内城衰败[32]。为应对日益突出的深层社会问题，英国政府制定和实施了一系列城市更新政策，展开城市更新行动。

英国的城市更新行动大致可以分为三个阶段。第一阶段开始于20世纪70年代左右。1977年，英国政府发布《内城政策》白皮书，城市更新首次作为政策被提出。这一阶段主要目的是通过振兴社区刺激城市的经济发展，主要内容是在城市中心快速清除市中心的贫民窟等。随着城市建设的推进，诸如环境污染、交通堵塞等新的城市问题出现明显加剧，城市郊区化现象日益显现，英国政府逐渐意识到城市更新不能仅停留在物质形态更新层面。20世纪80年代，英国城市更新进入第二阶段，以市场为主导代替政府为主导，并开始以引导私人投资为目的、以房地产开发为主要方式，提升建筑机能。第三阶段即20世纪90年代至今，英国政府开始更加关注市民社区的更新，公众参与成为城市更新战略中的重要一环。2000年颁布的《我们的城镇和城市》白皮书中提到，文化、休憩和运动作为我们生活质量和经济结构的一部分，都显得越来越重要[33]。并将城市更新实践与环境生态、社会公平、文化包容、社会治理等议题结合在一起。

（一）建立完善的法律规章制度

2011年，英国政府通过《本地化法案》（*Localism Act*），标志着地方政府在本地化公共事务方面被赋予了更多的自主权。2012年，英国发布的《国家规划政策框架》引入邻里规划，邻里规划被纳入地方规划。在邻里规划中，社区论坛可

以依法划定社区范围、编制邻里规划，社区居民和社区组织具有提名、使用社区资产的权利。地方主义转型加深了社区更新的本地化和社会化程度，能最大限度地遵循地方居民的意愿，为社区提供了利用现有资源推动自身发展的机会，为自下而上的社区更新提供了政策依据。

（二）规划权力下放

2011年联合政府推行“地方主义改革”，废除了区域发展局，并将更多规划权力下放给地方政府和社区[34]。2012年发布的《国家规划政策框架》将邻里规划纳入地方规划，明确规定在邻里规划中社区居民和组织具有提名、使用社区资产的权利[35]。政府力量由此逐步退出社区更新，社区规划逐步从专业技术领域转向社会政治领域。英国社区更新较为自由的制度环境，自下而上地催生了社区规划模式的创新。

（三）强调多元主体参与

英国作为世界上最早建立现代民主制度的国家，在城市更新发展方向上以“公共社区发展”替代“公共社区发展”。在英国，公众的赞成是规划审批通过的主要依据，同时社区发展的参与主体也扩展到多伙伴合作，包括志愿组织、非营利组织、家庭组织、非政府组织、慈善机构与邻里社区组织等，让公众、非政府与非市场的部门参与到改造更新规划当中，激发公众参与的自主性。

二、德国：“全方位、高标准、多主体”模式

德国城市更新采用的是“全方位、高标准、多主体”模式，以重塑历史核心区的吸引力为重要载体。德国在第二次世界大战后进入新一轮经济增长期，城市在短时间内迅速发展，城市中心区人口拥挤、房价上涨、失业率增加的问题也随之而来，城区出现产业空心、设施破旧、居民外迁到郊区等现象。针对这些问题，德国通过实施全方位、高标准、多主体的城市更新行动，实现了历史核心区的振兴，成为世界上城市更新实践开展早、历程长、实践类型多样、经验积累丰富的地区。

（一）调整指导原则和规划方案

德国城市更新工作在20世纪70—80年代迎来关键性转折，其指导原则转变为“谨慎的城市更新”（Behutsame Stadterneuerung），即开拓出一条有别于“拆除—

建设”的更新路径。该模式倡导以保护为导向的再生，尊重土地所有者、租户等所有居民的权利，一定程度上实现了对弱势群体的保护。20世纪90年代末，德国在结构性经济危机的冲击下开展了新一轮的城市更新行动，名为“社会融合的城市”（Soziale Stadt），即集中各部委和公共机构的资源进行整体性更新，重视对社会福利的关注；同时，将地方管理、社会资本、志愿组织和居民组织在一起，共同投入城市更新行动中。这一更新模式有效地促进了社会融合，整体性地提升了居民的生活质量。

（二）法律保障居民利益

德国政府通过政策激励促进私人资本投入旧建筑的现代化改造与翻新，以满足城区内日益增长的住房需求，并于1976年颁布《住房现代化改造法》，为此提供法律支持。为便于城市更新行动的开展，1987年《城市建设资助法》和《住房现代化法》被整合纳入《建设法典》。同时，通过《现代化改造协议》调控住房更新后租金的上涨幅度，以更好地保护原租客的利益[36]。

（三）设立国家资助

主要是在联邦、州和地方三级政府共同合作的资助计划下展开，每级政府筹集1/3的资金。地方政府确定存在城市问题并需要改造的地段，申请将其纳入年度更新资助计划，各州根据规定的标准选择资助地段，具体更新措施包括内城振兴、城市景观保护、教育设施、社会基础设施改善、社区治理等诸多领域[37]。

（四）构建城市更新规划制定和实施工具

德国基于社区更新需求，构建了整合性城市发展构想工具（ISEK），通过对实施策略的主次和先后进行细致研究，优先实施具有触媒效应的更新措施；通过有效的前期公共资金投入来带动后续的社会资本投入；建立城市更新的过程和实施评估机制，评估内容包括社区参与情况、项目实施、更新目标、实施进度和效果等[36]。

三、法国：建立完整的城市更新法律体系

法国具有中央集权的传统，行政体制分为国家、大区、省和市镇四个等级，城市规划体系的演变方向是从中央主导逐步向地方分权，法国的城市更新注重整体的协调，更注重法律政策在城市更新中的指导性作用[38]。法语中的“城市更

新”是一个复杂且多义的概念，包含建筑、街区、城镇等多个尺度，以及文化、社会、教育等多个方面[39]。

（一）城市法规的确立与蝶变

法国城市规划法律体系主要分为三个阶段：第一阶段是中央集权时期。在20世纪40年代颁布的法律，确立了中央集权、自上而下的城市规划体系，20世纪60年代至20世纪70年代初期，法国开始注重对于城市的管理预更新，《土地指导法》的颁布代表形成了中央主导的城市规划体系。此后，1973年法国颁布《城市规划法典》，对规划体系进行了明确与完善。第二阶段是中央与地方合作时期。这一时期受城市危机和社会运动影响，政府地位下降，地方发展被重视，《地方分权法》等一系列的法律出台使地方与政府成为合作伙伴。第三阶段是中央与地方整合时期。20世纪90年代至21世纪，通过的法律完全彻底地改变了权力的平衡，产生了“市镇共同体”，形成合同式的合作关系。

法国城市规划相关法律如表2-2所示。

表2-2 法国城市规划相关法律

时间	法律名称	主要内容
1967年	《土地指导法》	提出城市基础设施的建设和有计划开发的建设过程，这是法国城市规划体系形成的标志
1973年	《城市规划法典》	规范《土地指导法》，提出土地利用规划（POS）和城市规划整治纲要（SDAU），构成法国城市规划体系的总体和详细两个层次
1983 年	《地方分权法》	进一步给予地方市镇发展自主权
1991年	《城市指导法》	将居住平等权、基础设施可达性、公共服务多样性及城市环境保护几个重要方面综合考虑
1991年	《城市发展方针法》	主要关注居民的生活质量、服务水平、公民参与城市管理等
1993年	《城市合同法》	以合同方式建立起国家与地方的关系
1995年	《国家领土发展规划法》	加强了“城市计划”行动，开辟了“城市重新恢复活动区”（ZRU）
1999年	《可持续的规划整治与国土开发指导法》	避免城市空间规模不断扩大对周边农村地区的侵蚀
2000年	《社会团结法与城市更新法》	对《土地指导法》的“总体规划＋详细规划”规划体系作出调整
2003年	《城市更新计划和指导法》	在国家层面规定了城市更新的基本框架和核心计划，确定了核心管理机构（国家更新局）的职责及更新对象、更新目标等

（二）“主干法+配套法规”的法规体系

法国建立了一套属于城乡规划体系之外的更新法规体系，采用的是“主干法+配套法规”的形式。其中，主干法承担着规定国家城市更新基本框架制定的职责，包括目标、负责部门等，而其他层级则根据自身权责来制定相对应的配套法规。法国的城市更新主干法为2003年颁布的《城市更新计划和指导法》，在国家层面规定了城市更新的基本框架和核心计划。配套法规包括法国各部委和地方政府颁布的行政法规和地方法规，规定了不同更新对象的更新原则、方式和措施，适用于不同类型的城市更新，如《旧有退化社区重建计划全国总条例》规范了旧有退化社区重建计划的操作流程等。

（三）城市规划体系的可持续与公众参与

法国《城市规划法》中强调了协调与可持续原则，要求保持城市有机发展和城市改造之间的平衡，要保护耕地、森林等自然景观和城市景观，坚决遵循可持续发展原则。此外，还要求城市发展遵循功能多样化和社会融合、环境保护等原则，并将其作为规划纲领的具体条件。1996年法国环境和领土整治部颁布的《公众协商章程》，明确了公众协商的基本原则、若干环节以及政府部门应遵守的规则。法国《国土协调发展大纲和地方城市纲领》是以市镇这一级的基层单位来负责起草的，十分重视公众的宣传工作与基层意见的征集。

四、美国：由政府主导到市场主导

美国在20世纪20年代就基本完成了近代工业化，成为世界上最发达的经济体。截至2020年末，美国城镇化率达到82.66%，城镇化水平居世界前列。美国为了平衡其高度工业化和城市规模不断扩大的局面，进行了长达一个世纪的城市更新运动。

（一）“自上而下”的实施模式

美国的城市更新运动是自上而下开展的，城市更新项目以联邦政府主导，制定全国统一的城市更新规划、标准、政策和联邦政府拨款额度；地方政府根据城市更新需求，提出具体的更新项目，实施过程中始终强调地方性[40]。主要实施模式有三个：一是授权区模式，分别在联邦、州和地方层面上运作，将税收奖励措施作为城市更新的政策工具。二是纽约“社区企业家”模式，鼓励贫困社区所在的中小企业参与旧城改造。三是新城镇内部计划，使私人开发商和投资者获得至少等同于投资在其他地方的回报。

（二）城市住宅与文化的可持续

可持续发展的城市更新思想成为美国社会共识，强调更新规划的过程和规划的连续性，强调城市的继承和保护。美国前期城市更新中“一刀切”的做法造成许多有价值的历史文物和建筑遗产遭到前所未有的破坏，城市肌理被清理蚕食。美国国会于1973年宣布终止城市更新计划，并在1974年以富有人文色彩的住宅与社区开发计划代替了城市更新计划[41]。美国还设有一些城市管理机构，在每年夏天举办文化节，经费来自市政府或各个州，极大地丰富了城市居民的文化生活，也在一定程度上维护了城市的治安与稳定。

（三）市场主导的商业改善区模式

1972年“岁入分享”法案的签署使地方政府成为主导；1974年8月，美国发布《住房和社区开发法》，确定地方政府可自行支配联邦拨付的城市建设补助资金；20世纪70年代末，联邦政府开始缩减对地方政府的城市建设补助资金；1985年，联邦政府彻底退出指导城市更新，联邦政府资助城市更新的政策彻底终结。20世纪80年代中后期，美国城市更新正式以市场为主导，在1975年运营了第一处商业改善区，成为城市复兴的新形势，更加注重环境、文化的改善，推动中心城区的复兴和发展。

五、新加坡：成立政府专门机构主导社区更新

新加坡是典型的城市型国家，早在1960年城市更新推行之初就成立了建屋发展局和规划局，通过设立专职部门统筹城市更新工作。1974年，新加坡设立专门的城市更新管理部门——城市更新局（又称市区重建局，简称URA），负责城市用地、规划和建设管理，推动城市更新重建。新加坡城市更新局以全局观念进行系统规划，对新加坡的社区更新起到了重要推动作用。

（一）调整机构职能适应发展需要

城市更新局拥有独立事权，主要负责全国土地规划与销售、城市规划与设计、开发控制、建筑遗产保护、场地管理、公众教育等。

（二）制定和修订长期概念规划

从策略上提出城市长期发展的愿景，明确总体城市结构、空间布局和基础设施体系等宏观内容；明确土地策略，平衡不同的土地需求；协调和指导公共建设，确定重大的公共开发计划。概念规划一般期限为30～50年，每10年回顾及修订一次，回顾评估工作由国家发展部领导的概念图工作委员会负责协调，40多个政府部门分别对各领域提出研究报告。

（三）提出实施性的详细开发指导规划

新加坡划分为5个规划区域，再细分55个规划分区发展引导计划（DGPs），对每个DGP区的土地使用区域、开发程度、交通网络、娱乐区域、保护范围、空地（White-site）等内容进行详细规划，从而指导DGP区的土地开发。新加坡规划法规定，在进行土地开发前，所有的开发提议必须获得主管部门的批准。通过“开发指导规划”对开发提议的价值作出指导性评价，涉及多个部门（环保局等其他相关部门）的参与，确保获批提议符合相关政策。

（四）更新策略与时俱进

通过逐步有序对不同年代公共住宅进行改造，使得改造对象逐步扩大；改造内容有标配项目，也有品质化提升的选配项目，可以灵活应对差异化需求；更新从独立住宅扩大到社区整体环境和配套设施的提升；更新中融入绿色、智慧、参与式改造理念和创新技术；充分调动居民积极性，社区参与的程度不断提高。

（五）具备广泛资金来源

包括政府支付的代理费用和直接的政府援助金和贷款，以及向公众或商业机构出售产品和提供服务的收入等。政府一开始就引入了市场机制，公共主导和直接参与更新。随着城市更新障碍的解除，广泛的私人资本开始转至更新的主导地位[42]，政府则向制定规则、确保规则实施的角色转变。

（六）建立多元灵活的政策体系

新加坡在推行的CBD激励计划中，鼓励写字楼开发项目转换为酒店和住宅，以提高容积率，振兴中央商务区，让居民尽可能住在工作场所附近。此外，新加坡为积极推动街道甚至整个区域改造，推行的激励措施包括让容积率、高度、土地用途等规划参数变得更加灵活[43]，以及改善绿色城市走廊、改善公共空间和行人连通性等。

六、日本：实施“团地再生、复兴再造”行动

第二次世界大战后的日本经历了快速的经济发展和城市化，为应对大量人口涌入城市、住宅需求激增的形势，日本开始在全国范围内大规模规划建设住宅团地，逐步完善住宅供应体系。20世纪80年代，随着都市住房短缺问题逐步解决，日本将城市更新的重点转移，开始关注提升住房品质、改善居住环境等。直至20世纪90年代泡沫经济崩溃后，日本经济、社会形势发生了重大变化，团地社区也面临人口老龄化、基础设施老化、房屋空置率上升等社会问题，为扭转这一局势，日本针对既有住宅开启全面改造，“团地再生”计划正式启动。

“团地再生”主要是指建筑物的再生，关注社区生活重心的再造，包括公共租赁房、商品公寓房、一户建团地三种再生类型[44]。经过20多年的实践与完善，“团地再生”从单一的建筑个体，再到周边环境及整个区域，形成了一套完备的、具有较强借鉴意义的体系。

（一）设立与时俱进的团地管理机构

日本保障性团地管理机构随着城市的不断发展经历了多轮整改与演变。1955年，日本政府颁布《日本住宅公团法》，成立“日本住宅公团”，建设保障性用房以解决劳动者、低收入群体住房短缺的问题。1981年，为应对城市化发展需要，开发高质量团地住宅，“日本住宅公团”与“宅地开发公团”合并，改组为“住宅、都市整备公团”，更关注城市基础设施和都市功能的更新。1999年，“住宅、都市整备公团”更名为“都市基盘整备公团”，以减轻政府在城市边界开发方面的负担为目标，重点进行市区开发、住宅区建设、城市基础设施整备等任务。2004年，“都市基盘整备公团”与日本地方都市整备部门合并，正式更名为“都市再生机构（Urban Renaissance Agency，URA）”，该机构以老旧团地改造的城市更新建设为核心任务，与政府、企业、社区居民协同合作，负责全日本公团住宅的建设运营。

日本团地管理机构的发展如表2-3所示。

表2-3 日本团地管理机构的发展

年份	团地管理机构名称	管理重点
1955年	日本住宅公团	解决劳动者、低收入群体住房短缺问题
1981年	住宅、都市整备公团	关注城市基础设施和都市功能更新
1999年	都市基盘整备公团	侧重市区开发、住宅区建设、城市基础设施整备等
2004年	都市再生机构	与政府、企业、社区居民协同合作，负责全日本公团住宅的建设运营，以老旧团地改造的城市更新建设为核心任务

（二）建立完备的政策法规体系

日本于1951年颁布《公营住宅法》，以保障低收入国民最低生活质量；1955年出台《日本住宅公团法》，开创新的集合住宅模式容纳涌入城市的中产阶级；2002年制定并通过《都市再生特别措施法》，开始了以再生为核心的城市再发展进程，这些政策法规的制定为日后日本住房政策的发展奠定了良好的基础。“都市再生机构”成立后，设立《独立行政法人都市再生机构法》，致力于提高居住品质，满足居住群体多元化的居住需求。随后，从可持续城市建设的视角出发，制定了《中期计划》（2004—2009年）和《存量住宅再生、再编方针》（2007—2018年），重点关注“一老一小”、地域多功能化等问题[45]。

（三）形成多元主体参与的协作框架

“都市再生机构”的成立，进一步推动了日本民间组织的多元化发展，包括社区居民、社会非营利组织、志愿者、自治会、工商会等在内，均参与到团地再生计划中。地方政府负责总体框架的规划和管理方针的制定，形成民间主导、政府支持、第三方配合的多元协作框架。

第三节 典型城市更新和既有住宅改造的启示

发达国家城市更新起步较早，因不同国家政治、经济、文化背景不尽相同，在既有住宅改造中也呈现出多样化、多视角的特征。从强调城市复兴到重视文化传承，再到全面改善社会福利，国外典型的城市更新倾向多元、综合的政策主导，侧重整合性、总体性的更新途径，以此满足多样化的生活需求。

一、“以人为本”的可持续发展理念

随着“人本主义”思想在社会生活中复苏，可持续发展思想也逐渐成为社会共识，其对城市更新的影响也与日俱增。作为城市的主体和城市空间的使用者，公众的需求很大程度上决定了城市更新的内容和方向。美国学者简·雅各布斯（Jane Jacobs）在其著作《美国大城市的死与生》中，强调要以人为核心发掘城市存在的问题，将人本思想融入城市更新规划。在城市发展从传统的物质更新转向融合社会、经济、文化和物质空间为一体的全面复兴过程中，“人本主义”着眼于满足人的物质、精神需求，立足可持续发展理念谋划、配置资源，以实现公平为目的，保障居民权利。

英国在经历一系列城市问题后，政府将社会、经济和环境纳入城市更新的决策中，从社区居民的具体需求出发，通过政府、市场和社区三方力量相协调达成更新目标，明确城市更新内容框架，关注社区、志愿者与慈善机构的作用，社会问题，养老与福利以及就业等问题。新加坡自2001年提出“身份认同感计划”以来，始终强调“人本主义”的城市综合复兴，为各个年龄段的居民提供更舒心、更高品质的生活空间。多个社区从可持续角度进行连片更新，形成一个市镇，中心成为集餐饮、购物、休闲、娱乐于一体的枢纽，并通过居民共同参与营建“记忆”场所，如社区回忆录、历史文化展示廊道等，丰富历史文化场景空间。

由此可见，国外发达国家的城市更新大多经历了由最初的政府主导到多方协作的转变，从自上而下的单一模式过渡到兼顾自下而上的新模式，增强规划、实施、管理全过程中民主参与的重要性，在城市更新中突出“以人为本”的价值取向，有利于实现平衡全局利益和个人利益，促进社会和谐与可持续发展。

二、“有法可依”的制度保障体系

建立健全完善的法律法规体系是推进城市更新的基本制度保障。各国根据自身经济社会发展状况和法系特征，在城市更新实践发展过程中逐步形成和发展出适合本国的法律法规体系。

法国和德国建立了一套严格的法律政策体系，中央（联邦）层面颁布专门的城市更新成文法，如法国的《城市更新计划和指导法》和德国的《联邦建设法典》，同时法国各个城市、地方政府配套出台相应的行政法规和地方法规，城市规划立法与公共部门贯穿城市发展的各个阶段，发挥着重要作用。日本和新加坡持续优化现有的城市更新制度体系，在理论指导、体制机制、保障措施等方面均呈现出历史演进的动态过程。日本根据宏观政策需求，以原法修订出台新法形式变迁，不断修订原有法律，出台新法政策，如新增的《都市再生特别措施法》《独立行政法人都市再生机构法》《存量住宅再生、再编方针》等。新加坡设立专部门统筹城市更新工作，并配套形成完善系统的更新规划体系、行政体系、政策体系，高效推动了大规模的城市更新实践。

由此可见，城市更新制度体系已经上升为各个国家的最高战略和政策要点，以法制约束指导城市更新工作，使得城市更新有法可依。

三、“以文塑城 ”的保护与传承

在城市快速发展的进程中，全世界都存在老城区传统建筑与文化遭到不同程度破坏的问题，如何在城市更新中平衡传统文化与现代化进程是世界各国共同深耕的重要课题。在国外典型改造做法中，城市更新的理念大多已经从初期的大批拆改逐渐向注重文化保护与可持续发展转变。

从城市文化的保护与传承上看，英国秉承“整旧如旧”的理念，将新改造、建设的配套建筑融入本地的历史建筑特色之中，将对历史文化的破坏程度降到最低；法国依靠政府加强基础设施的建设，提高城市环境质量，以保护性更新对旧城区进行改造，让拥有历史文化遗产的城市得以存活；日本历史建筑的保护范围不仅扩展至国有、公有和私有建筑物，还由单体保护发展到历史环境保护[46]。

因此，要将历史文化的保护工作渗透到城市更新的进程中，不仅要建立健全保护机制对其予以保护，还要充分发挥历史文化遗产的价值，让历史文化对城市更新起到推动、促进作用。

四、“有钱可用”的资金来源模式

城镇老旧小区改造的资金保障着老旧小区改造的质与量。国外城市既有住宅改造所涉及的资金运作方式多样，如政府主要支持运作，或地方机构和各级政府筹集，或社会资本参与，或由政府与居民、社会力量合理共担。

在城市建设资金来源上，英国和美国更注重发挥政府的积极作用，政府不仅会通过财政补贴、激励政策来加大对城市建设的投入，还会作为协调者与监督者保障社区利益，维护公平；法国主要由公共部门来投资城市建设、改造与更新。

亚洲国家如新加坡、日本则更注重民间资本的力量，通过设置社会项目、私人资金会，出台优惠政策加大社会资本对城市更新的投入。

借鉴国外经验，在城镇老旧小区改造过程中应拓宽融资渠道，建立多元化的资金来源模式以适应不同的改造方向与要求。一是可以通过政府把控，利用财政、税收等政策对旧城改造更新进行补贴、奖励；二是鼓励社会资本的加入，实现投资主体的多元化，以缓解政府在改造中的压力；三是带动居民出资的积极性作用，这样既符合“人民城市人民建”的理念，也符合“谁出资谁受益”的原则。

第三章

高质量发展下城镇老旧小区改造出现“瓶颈期”

第一节　城镇老旧小区的现状形式

2020年7月，《国务院办公厅关于全面推进城镇老旧小区改造工作的指导意见》（国办发〔2020〕23号）发布，对城镇老旧小区作了明确范围划分，指出“城镇老旧小区是指城市或县城（城关镇）建成年代较早、失养失修失管、市政配套设施不完善、社区服务设施不健全、居民改造意愿强烈的住宅小区（含单栋住宅楼）。各地要结合实际，合理界定本地区改造对象范围，重点改造2000年底前建成的老旧小区”。

截至目前，据各地摸底情况，全国2000年底前建成的城镇老旧小区约22万个，涉及居民上亿人。由于我国城镇老旧小区总量多、分布广，老旧小区的建造年代、小区的布局形式、住区的开发类型、社区的居住人群和小区的管理方式等均存在着较大的差异，由此也增加了老旧小区的改造难度和改造的成效。

一、我国居住小区建造的“四个年代”

（一）20世纪50年代之前的住宅

1949年前，我国的住宅缺乏小区概念，且多层建筑少，一般成片区分布于旧城中。其中，钢骨水泥、砖木房屋较少，不少居民居住于棚屋中。2008年，我国启动的棚户区改造这一民心工程解决了棚屋、简易平房等住宅的改造问题。此外，1949年前建造的部分建筑已经被纳入历史建筑保护起来，如一些传统四合院、部分借鉴西方建筑风格建造的多层建筑等，形成了城市独特的建筑风貌。

目前保留下来的民居已经经历了公私合营，其产权一般已经实现国有化，一部分拨给单位使用成为集体宿舍等，另一部分给住房困难居民提供居住。这些民居中具有改造价值的，主要有以下几种形式：

一是我国传统的住宅院落布局，如四合院等住宅形式，一般由多家合居，违建、自建、扩建情况较多，大部分成了“大杂院”。这些院落存在着杂物堆积、公共环境缺乏保洁、设施缺少维修、私拉飞线、私接水电等问题，同时一些院落缺少厨房、厕所等配套设施。这些院落处于胡同、小巷中，外部交通较为复杂，道路狭窄，增加了改造难度（图3-1）。

二是地方特色民居。有些城市发展出独特的建筑形式，如上海的石库门就是脱胎于传统四合院，又融合了西方风格的建筑，石库门既有江南民居的空间组织，又有西方的拱券结构。又如广东、广西、海南和福建等地的骑楼，融合了西方古代建筑与中国南方传统文化，这样的建筑能够遮风蔽日，适宜当地气候，一楼作商铺，二楼可居住，极具地方特色。

图3-1 北京西壁营胡同7号院违建拆除现场

（来源：北京日报）

随着城市发展，这些地方特色民居逐渐变少，且由于居民越来越多涌入，占用了原本的一些公共空间，导致这些民居的居住条件变得非常差，并且存在“媒卫合用”的情况。据估计，1949年前，上海约有20万石库门里弄建筑，近60%的上海人居住其中，20世纪80年代以来，上海约有70%旧式石库门里弄被拆除[47]。据2015年上海市政协文史委的调查数据，上海现存较为完整的石库门风貌街坊约173处，共有石库门里弄1900余处，居住建筑单元5万幢。

上海承兴里小区是典型的由石库门新里、旧里以及沿街建筑形成的围合型空间。2016年，承兴里被划为历史文化风貌保护街坊。2018年，承兴里启动改造。2019年6月，承兴里一期的一排新里住宅103户完成改造，在整体保留、重现石库门里弄房屋建筑肌理和风貌的基础上，进行了整治修缮、调整布局和内部整体改造，新增承重墙体及轻质隔墙，放宽放缓楼梯，加固地基，提升房屋质量。由于每户居民家的空间结构、面积都不同，设计师按照“一户一方案”进行设计。而旧里由于居住密度高，同时需要释放出更多面积用于厨卫改造，则采用“抽户更新”的方式[48]。

三是多层公寓住宅，这些小区在当时属于较现代化的住宅，满足了当时中上阶层居民的居住需求。历经数十年，这些小区有一部分被纳入历史街区中，其空间格局、特色装饰具有独特的保护价值。但与此同时，单栋建筑内居住户数变多，目前普遍存在房屋整体损坏严重、基础设施老化、缺少独立厨卫等问题，而且部分还采用了木质楼梯，存在着安全隐患。这类小区改造前需要重点对房屋质量进行安全排查评估，再实施改造。

上海徐汇区斜土路1155弄中和村小区由5幢建筑组成，建于20世纪40年代，产权归属于中国科学院上海分院，有38户居民居住（图3-2）。经检测，房屋整体损坏严重、存在多处危险点，多部门协商后采用成套改造方案推进旧住房改造，改造工作包括稳固楼层结构和墙面、重新梳理安装水管、拆除20多间违法搭建等，并通过增加绿化配套、垃圾分类处理等手段提升了小区环境[49]。

图3-2　中和村1号楼改造前后对比

（来源：澎湃新闻）

上海永嘉新村始建于1946年，并于1947年完工，最早为银行为高级员工建造的职工宿舍，是上海市第二批优秀历史建筑（图3-3）。永嘉新村的总体布局沿用了石库门里弄的空间组织方式，采取总弄与支弄相结合的方法，根据基地的地理位置、周围环境及形状、大小等因素统筹规划，合理布局，属于新式里弄住宅。

图3-3　永嘉新村的总平面图和空间格局

（来源：上海市历史建筑保护事务中心）

建筑中具有保护价值的部位包括：外部重点保护部位为建筑各立面及里弄整体空间环境；内部重点保护部位为主要空间格局、楼梯间、木门窗、水磨石地坪、天花线脚等特色装饰。

改造前，小区内清水墙面受损，瓦屋面破损，木门窗缺损、腐蚀、油漆脱落、变形开裂等情况较多，木楼梯普遍存在磨损和松动现象（图3-4），室内公共墙面出现剥落、开裂、发霉等[50]，修缮工程实施前应认真考证原始设计资料及施工工艺。

图3-4 永嘉新村改造前房屋残损情况

（来源：上海市历史建筑保护事务中心）

历史建筑的改造要在保护、恢复原有建筑风貌的基础上进行全面的修缮整治。永嘉新村亦是如此，对建筑重点保护部位进行了修缮，如屋面检修整理、拉毛墙面、清水墙面、门窗修缮等，对厨房进行了改造，对绿化和公共设施进行调整改造，并实现了垃圾分类改造升级，同时也加装了智能充电桩和烟雾报警器等新的配套设施（图3-5）。

图3-5 永嘉新村厨房改造前后对比

（来源：上海市历史建筑保护事务中心）

（二）20世纪50—70年代的住宅

1949年初期，受历史因素影响，私有住宅存在损毁严重的现象，随着人口快速涌入城市，多数城市处于住房紧张的状态。1950年，全国城市住房存量总面积只有4亿m^2，城市人口6169万，人均住房面积5.5m^2[51]，住房条件较为恶劣。在国民经济恢复时期，尽管当时的资金、技术和施工等条件受到限制，但为解决城镇居民居住问题，国家提出“统一规划、统一投资、统一设计、统一施工、统一分配和统一管理”的“六个统一”方针，在重点建设城市和新工业区投资建造住房。

1952年开始，全国各地陆续在靠近工业区或者城市中心附近的市郊，建设现代化的工人新村，以缓解工人、企业职工住房困难等问题（图3-6）。如1952年铁道部在北京真武庙建设的职工宿舍就是北京最早的楼房住宅区之一，该住宅区均为砖混结构、木屋架、坡屋顶，外墙用水泥拉毛和横线条水泥抹灰。1952年，上海曹杨新村最先建成，并配备了如煤气、抽水马桶等较为先进的生活设施，但是内部厨房和洗手间共用。由于这一时期城市规划和建筑设计的国家体制尚未完善，这两个小区的规划都采用了当时国际流行的“邻里单元”概念。

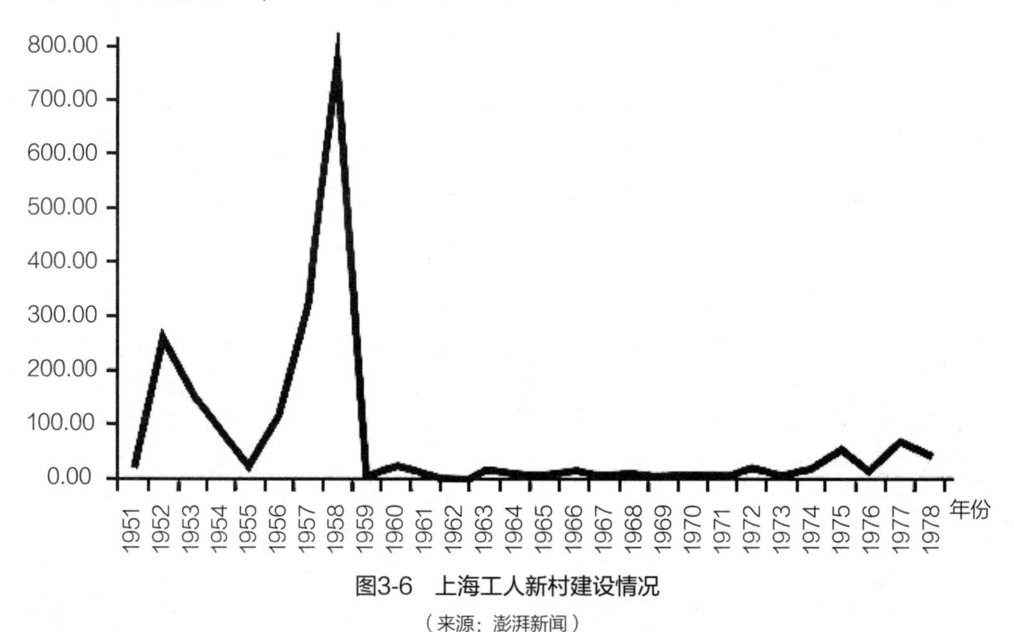

图3-6　上海工人新村建设情况

（来源：澎湃新闻）

很快，“邻里单元”概念被认为对空间的浪费而受到批判。此后，全国住宅建设开始学习苏联的居住区规划理论，十分注重空间等级与人口单元之间的对应关系。根据人口管理单元（街道、居委会、区块、楼组），把居住用地划分为区、小区、街坊和组团等若干等级[52]，以此形成了较为高效的城镇基层社会治理方式。

1956年，城市建设部门按国家基本建设委员会的要求，开展了住宅及公共建筑等民用建筑标准设计工作，组织成立了全国通用民用建筑标准设计评审委员会，负责民用建筑标准设计的评审，并按照东北、华北、西北、西南、中南、华东六个地区编制民用建筑标准设计。这一时期的住宅建筑主要是砖混结构、装配式钢筋混凝土结构[53]。1957年出版的《全国民用建筑标准设计目录》（图3-7），按照全国各地地域特征，提供了住宅标准设计图纸，包含质量标准、造价概算、主要材料数、示意图等[54]。

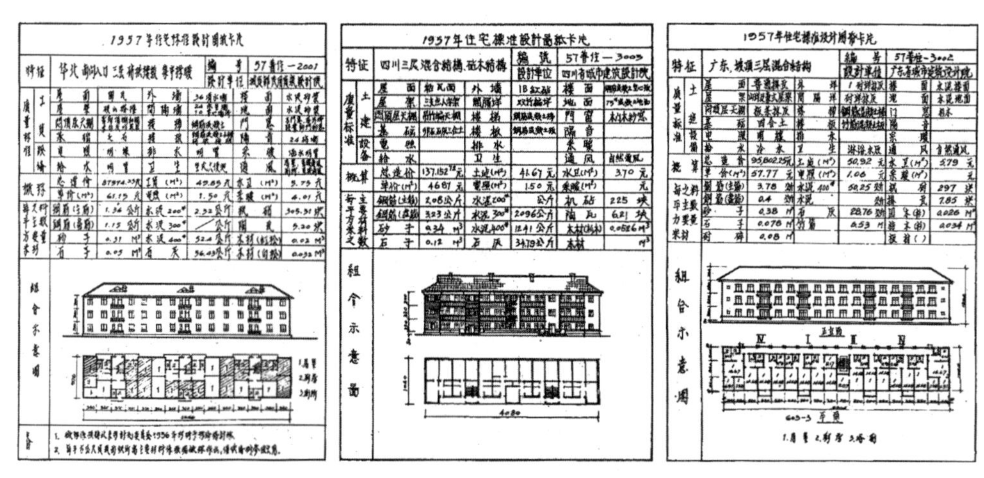

图3-7　1957年住宅标准设计图纸

这一时期涌现出了众多规模庞大、配套设施齐全、显现苏联风格的工业居住区。如武汉青山的红钢城，就是为武钢工人建设的家属楼，是典型的苏联街坊式住区。红钢城的整体结构是按“囍”字布局，从平面布局上看较为规矩，呈围合形，为中轴对称。居住区规划上主要是商业与住宅结合，便于居民生活。周边有相应的配套设施，如学校，商业街，电影院等[55]。随着产业结构调整，红钢城住宅区日渐老化，居民已经搬离，现已经打造成为青山区红房子历史文化风貌街区（图3-8）。

20世纪60年代开始，为应对住房紧缺问题，受到“先生产、后生活”的政策影响，全国建造了较为简易紧凑的住宅楼，且存在着厨房、卫生间合用的情况，这种房子走廊两端通风，状如筒子，故名“筒子楼”。这些筒子楼由于建筑标准较低，老化严重，很多已经被鉴定为危房，需要进行危房整治或者拆除。目前全国各地对此一般采用建筑结构加固或者原拆原建的方式进行改造。

图3-8　武汉青山区红钢城

（来源：武汉市文化和旅游局）

长沙市雨花区麻园湾社区69号楼建于20世纪60年代，是该区首批教职工“筒子楼”，作为危房，存在严重安全隐患。整栋楼共三层，每层公厕共用，厨房缺少油烟净化系统。2021年11月，小区从违建拆除、结构加固、厨卫配套、屋顶防水等方面进行重点改造[56]，如图3-9所示。

图3-9　麻园湾社区69号楼改造前后对比

（来源：长沙市雨花区人民政府网）

建于1977年的北京马家堡路68号院2号楼是一栋4层框架轻板简易楼，原为北京市革制品厂职工宿舍，每层居民共用一个卫生间和水房，厨房灶台沿走廊设置。工厂破产后，2006年产权单位变为丰台区房管中心（现为丰台城市更新集团）。2023年11月，该楼启动改造，由于该项目属于危旧楼房改造，采用原拆原建的方式，将4层扩建为地上6层，同时扩建地下一层，增加商服配套用房、物业配套用房等，并增加电梯、无障碍通道等设施，适当增加室内面积使得每户都有独立的厨卫（图3-10）。该项目改造资金采用政府、产权单位和居民三方共担的形式，产权单位承担扩建地下室的费用，居民主要承担增加室内面积的费用，且两年重建期居民需自行解决过渡问题，后期居民的产权则从租赁转变为经济适用房。

图3-10 马家堡路68号院2号楼改造前实景图和改造后效果图[57]

（来源：《丰台时报》）

这一阶段，全国住房建设速度赶不上城市居民居住需求，尤其是在1966—1976年期间，我国城镇住房建设较为缓慢。统计表明，1977年底全国190个城市人均居住面积仅为3.6m²，甚至比1950年甚至下降了1.9m²。

（三）20世纪80年代的住宅

1978年，改革开放之初，住房商品化、土地产权等理论被提出。1979年，国家开始启动商品住宅全价销售的试点工作，广州、西安、柳州、梧州、南宁等城市率先实施，由中央资助建设，并以土建成本价向居民出售。1979 年10 月，广州“东湖新村”获得政府批准并开始动工，全国首个商品房开始出现。

1980年6月，中共中央、国务院在批转《全国基本建设工作会议汇报提纲》中正式提出实行住房商品化政策，各地开始准许私人建房、买房和拥有自己的住宅，这是中国城镇住房制度改革的开始。同年9月，北京市住房统建办公室率先挂牌，成立了北京市城市开发总公司。1982年，国务院在常州、郑州、沙市、四平四个城市进行了新建公有住宅补贴出售试点。

1987年12月1日，全国的第一宗土地公开拍卖会在深圳召开。随后，《中华人民共和国宪法》《中华人民共和国土地管理法》删除了“禁止土地出租”的规定，并增加了“土地的使用权可以依照法律的规定转让”的规定。

1988年2月25日，国务院住房制度改革领导小组发布《关于在全国城镇分期分批推行住房制度改革的实施方案》，自此，住房制度改革在全国城市和县镇全面铺开。

由于处于过渡时期，福利分房制度并未停止。20世纪80年代的住宅主要为多层建筑，室内功能布局开始日趋完备，每户开始设置卫生间、厨房、客厅、餐厅，单元楼也逐渐取代了“筒子楼”。20世纪80年代的住宅虽然室内功能完善，但不少缺乏物业管理，环境老旧，一般公共服务配套较为缺乏。

始建于20世纪80年代末的杭州市萧山区崇化三区，因为小区原有规划不合理，存在着道路狭窄、停车行车困难、绿化不成体系、公共活动空间和健身设施陈旧甚至缺失、新能源车无处充电等突出问题。2022年，该小区进行改造，重新对内部路网进行整治，将原有小区道路重新按主次分级设置成单循环道路；对原有非机动车库进行改造，增设老年活动中心及物业中心办公场所[58]；通过将空地资源盘活利用，增设健身器材和儿童游乐设施，同时绕围墙边增加了橡胶漫步道（图3-11）。

图3-11　杭州市萧山区崇化三区改造前后对比

（四）20世纪90年代至21世纪初期的住宅

1992年，在邓小平南方谈话的带动下，全国房地产价格放开，许多政府审批权力下放，“房地产现象”在中国出现。1994年，《国务院关于深化城镇住房制度改革的决定》发布实施。1998年，我国的福利分房政策正式退出历史舞台，取而代之的是住房分配货币化、住房供给商品化的新体制。

20世纪90年代早期的商品房虽然结构和外形和20世纪80年代的单元楼差异不大，以多层为主，一般不配备电梯，但是户型面积明显增加，并且出现了约100m^2的大户型，居住条件更为舒适，但由于当时小区的安防措施较少，居民一般会采取“外凸式防盗窗”，外立面较为杂乱。

此外，同时期，一些高层住宅也开始出现，大多数为高密度塔楼，但由于我国当时的高层民用建筑设计尚在探索中，不少存在着电梯配比不足、公共配套缺乏等问题。

但在这一阶段，随着市场对物业行业的接受度越来越高，一些小区开始由物业入驻管理，尤其是1994年，建设部颁布了《城市新建住宅小区管理办法》（建设部令第33号），明确指出：“住宅小区应当逐步推行社会化、专业化的管理模式，由物业管理公司统一实施专业化管理。”但这一时期的物业管理缺乏统一标准和规范约束。

金源公寓是位于杭州余杭的老旧小区，建成于20世纪90年代，2022年被列为余杭区老旧小区综合改造提升工程，该项目以未来社区建设理念为指引，改造内容包括：防水修复翻新，破损台阶地面修复，立面改造优化、消防安全设施配备、园区景观提升、配套设施新增等各个方面。该项目将小区北侧的垃圾中转站改建为未来邻里家园，并配套一老一小活动区和停车场；同时，小区加装电梯和老旧小区综合改造提升同步实施，实现“综合改”一次完成（图3-12）。该小区还在设计时充分融入海绵城市理念，小区园路铺装采用透水、透气性好的环保材料，露天停车场运用透气、透水性铺装材料。

图3-12 改造后的金源公寓

1996年交付的杭州中山花园共30层高，毗邻武林广场，其建筑立面模仿我国香港地区的豪宅风格，属于最早的高端楼盘之一。然而该小区很多房源户型、朝向设计不合理，作为早期的电梯房，定位于商住两用，电梯问题频发，私搭乱建现象严重、外立面砖脱落等安全隐患逐步增多，其房价也明显低于周围老旧小区。社区多次对中山花园展开整治工作，通过拆除违建、电力设施改造、更换物业等工作，2021年，中山花园小区成功替换了7台老旧电梯，使得小区居住品质得到改善提升（图3-13）。

图3-13　杭州中山花园

（图源：浙江在线）

二、我国居住小区“多样性”的布局形式

（一）街巷街区式

这种形式是以街巷组织居住区的空间和生活的，可以分为街巷式和街区式（图3-14、图3-15）。街巷为较早期的居住区，道路较复杂，建筑沿街巷连片密集布置，其中穿插有历史建筑，部分建筑保留了下店上宅、前店后居或前店后坊的建筑格局，其公共服务设施沿街道布置。传统街巷式居住小区空间序列比较模糊与扁平，主要是以“大街—小巷—院落—住宅”分布，如胡同、里弄等都是传统街巷的形式。传统街巷式居住小区是城市原住民的聚集地，邻里关系较为融洽，建筑具有传统风貌和本土特色，保留了一定规模的活态市井文化，拥有本地居住

形态和生活方式等丰富的在地资源，具有开放性、本土性等特点。街区式居住小区同样为开放式小区，秉持着“密路网、小街区”的空间布局，一般小区沿城市支路设立，沿街道住宅设有底商，小区入口直接开向街道，住区公共服务设施布置在街道两侧，住区和城市融合度较大。

但目前这些街巷街区式居住小区由于建成时间较早，房屋建造主体、产权主体较复杂，危房较多，市政基础设施老化严重，飞线、私拉线较多，绿地空间不足，公共活动空间缺乏，排水能力弱，消防设施少，街巷道路平整度差，适老化设施难以满足老年人需要。

并且传统街巷由于道路狭窄，对管网改造、消防改造、公共配套增设等都带来了一定的难度。此外，不少老旧小区所处的街区由于本身历史文化价值较高，被列为历史文化街区，因此对于这些老旧小区的改造，与普通住宅不同，需要评估老旧小区及其周边地段的历史文化价值，要注重小区与街巷空间改造的有机衔接，平衡“改造度”和“保护度”，最大限度保护传统街巷肌理和地方文化特征，要兼顾延续历史文脉和改善居民居住环境的双重要求，从而恢复社区活力。

图3-14 扬州曹李巷为传统街巷式居住小区

图3-15 绍兴新昌县鼓楼片区为街区式居住小区

（二）单位大院式

这类小区建成之初为单位的职工住房，主要是为了解决职工基础的生活需求，不同小区建筑楼栋根据单位职工需求而建，因此小区规模大小不一，既有超大型的围合式大院，也有单独楼栋零散分布，或者由不同单位形成一个小区，因此一个小区内的建筑年代、建筑风格、建筑朝向、户型有所不同，部分小区空间布局也存在任意性，这种千姿百态的小区情况也增加了老旧小区的改造难度。

这些小区有些产权依然归属于原单位，有些通过房改，产权已经归属于个人。小区原来由单位管理，但随着单位改制或者部分单位破产，小区的管理水平逐渐下降，大部分处于失管状态，一些产权归属于原单位的配套用房，如传达室、活动室等部分也处于闲置状态。同时这些小区建筑老化问题逐步增多，部分建筑标准过低，还存在着公用厨卫的情况，小区公共服务配套不足，活动空间缺失，私搭乱建等问题也较多。同时小区居民既有一部分退休的单位职工，也有一些外迁入的居民，对于适老化、休闲娱乐等配套具有较高需求（图3-16）。

图3-16　原为杭州华丰造纸厂宿舍大院的华丰新村小区

（三）组团片区式

这种形式一般在每个片区内建有多个小区，每个小区相对独立，小区之间被围墙、相对开放的道路网络分割，从而形成了“居住区—片区—小区”的规划组织结构，小区的建成年代、建筑风貌等较为接近，居民习俗、社区文化等较为相似。但由于空间规划、行政管理等因素，出现了小区分割的现象。

小区间难以打通，在一定程度上存在着片区空间布局不合理、内部交通路网不完善的情况，同时小区内停车难，一定程度上也加剧了小区之间的停车压力。

同时，基础设施配套不完善、公共活动空间缺乏、消防通道较窄等问题也长期存在。

在此类老旧小区改造中，可以通过片区统筹对这些小区进行集中改造。片区统筹改造，指的是在统一规划下，形成“片区封闭，小区开放”，对小区间的消极空间和闲置用地充分整合利用，通过打通围墙等方式，增设嵌入式活动空间、停车位等配套，建立片区内交通微循环（图3-17）。统一改造不仅能够实现新增配套资源共享，也能够建立统一的片区化管理模式，提升整个片区居住环境。

图3-17　上保社区拆除建筑间的围墙建立小型休憩空间和集中停车点

（四）独立封闭式

独立封闭式的小区是我国当今居住小区的主体布局，具体是指：在城市或社区中以围栏或围墙结构为明确边界，边界上设有一个或多个进出口，将建筑物与公共配套设施圈定在一定范围内的小区布局[59]。独立封闭式小区进出口处大多有人或电子设备值守，且内部道路并非市政道路，只连接小区内部空间与进出口，仅允许小区内部人员与车辆通行。

此前，基本上只有单位大院的住宅模式为封闭式小区。随着商业开发模式不断更新，住房制度改革使住宅从“公有”变为“私有”，各大房地产商将小区安全、私密的封闭管理方式作为卖点，得到了消费者的追捧。由于小区边界形成封闭、独立的空间，完成配套设施、居民福利的供给，迎合了新时代居民对于生活安全、隐私保护的需求，但是“各自为政”的封闭式老旧小区也出现了割裂城市空间、阻碍交通循环、降低公共资源利用率的问题，更在老旧小区管理与居民交流上存在一定的现实问题。

这类老旧小区大多有物业维护、保洁保安工作，安全性相对较高，但是建筑老化、墙面脱落、私拉飞线、管线老化、道路破损、绿化损毁、停车困难等问题依然存在，不少多层建筑缺少电梯，导致老年人出门极不方便。

杭州富阳狮子山花园建于2000年之前，是城区最早的商品房封闭小区之一。小区共有22幢房屋，住户242户。这里曾是富阳最早的样板小区，但现在地下管线老化，路面破损、下沉，绿化杂乱，停车困难等众多问题日渐困扰着小区住户。2022年5月，该小区启动改造，改造内容包括综合管线改造、排水、道路、景观、路灯、监控、配套等工程。原本开裂的混凝土路面全部改成沥青路面，内部断头路也得以打通，铺装石则换成了透水砖，同时绿化也得到了修整，变得错落有致，小区还增加公共休憩空间（图3-18）。

图3-18　杭州市富阳区狮子山花园小区

三、我国居住小区“多要素”的开发模式

（一）房改房小区

房改房是我国特殊时期的特定产物（图3-19），又称为“已购公房”。改革开放之前，我国实行公有住房供给制度和福利分房制度。这个制度的特点是政府主导，统管统分，作为一种重要福利，绝大部分的住房建设资金均由政府拨款，住房建设完成后以低租金分配给职工居住。1993年1月，国务院房改领导小组在北京召开了第三次房改工作会议，提出了“以出售公房为重点，售、租、建并举”的方针，推进公有住房自有化。依据该政策，机关、企事业单位及房管部门按照相关条件和程序，将原来的公有住房产权出售给本单位内部职工，职工在购买公房时会综合工龄、职务、家庭等因素获得房价的折抵优惠。

图3-19 已改造的杭州市华丰新村小区内有不同年代的房改房

1994年7月18日，国务院发布的《关于深化城镇住房制度改革的决定》对房改房产权作出了进一步明确：职工以市场价购买的住房，产权归个人所有，可以依法进入市场，按规定交纳有关税费后，收入归个人所有；职工以成本价购买的住房，产权归个人所有，个人在补交土地使用权出让金或所含土地收益和按规定交纳有关税费后，收入归个人所有；职工以标准价（优惠价）购买的住房，拥有部分产权，即占有权、使用权、有限的收益权和处分权，可以继承。产权比例按售房当年标准价占成本价的比重确定。个人售、租房收入在补交土地使用权出让金或所含土地收益和按规定交纳有关税费后，单位和个人按各自的产权比例进行分配[60]。

1992年，建设部出台了《公有住宅售后维修养护管理暂行办法》（以下简称《暂行办法》）规定：“公用住宅出售后，住宅共用部位和共用设施设备的维修养护由售房单位承担维修养护责任，也可以由售房单位在售房时委托房地产经营管理单位承担维修养护责任。”针对管养费用，《暂行办法》规定，可由售房单位按照规定比例向购房人收取，维修养护费用不足时，暂由原售房单位承担。

不同城市针对房改房提出和费用来源也进行了明确。1992年1月，《天津市公有住房售后维修服务办法（试行）》提出，整体共用部位和共用设施维修所需的费用，首先使用房屋共用部位和共用设施维修基金，不足部分，由共同使用的产权人按建设部《城市异产毗连房屋管理规定》（第5号），根据各自住房建筑面积分摊。2011年，《重庆市物业专项维修资金管理办法》提出，房改房共有部位、共有设施设备的维修、更新、改造费用先从房改房首期专项维修资金中列支。不足部分由业主按照本条第一款的规定承担。2021年7月，北京市住房和城乡建设委员会联合北京市人民政府国有资产监督管理委员会等多个部门发布了《关于加强城镇国有土地上依法建造住宅维修工作的指导意见》，明确对于没有物业管理的房改房小区，房屋共用部位和共用设施设备的维修，在售房款和公共维修资金未使用完的，应使用相应的资金；在售房款和公共维修资金已经使用完以及二次上市的住宅，由所涉及的业主承担[61]。这些城市都更加强调共有部位的维修由业主共同承担。

一些公房地方的房改房共有部位或公共设施的维修由政府买单。1994年，《上海市公有住宅售后管理暂行办法》发布，规定售后公房应成立业主管理小组或业委会，并设立住宅修缮基金，由出售单位和购房人按照相应标准缴纳；共有部位维修费用在住宅修缮基金中列支，公共设施的修缮、更新，按照公有住宅出售前的规定办理；其中道路、照明路灯、绿化地的修缮、更新费用在公共设施修缮基金中列支，不足部分在城市维护费中列支。上海房改房小区的道路、路灯和绿化的修缮，后期很多纳入城市维护费中。2017年，九江市发布的《房改房公共部分维修办事指南》指出了房改房共有部分维修流程，其费用由政府财政支持（图3-20）。

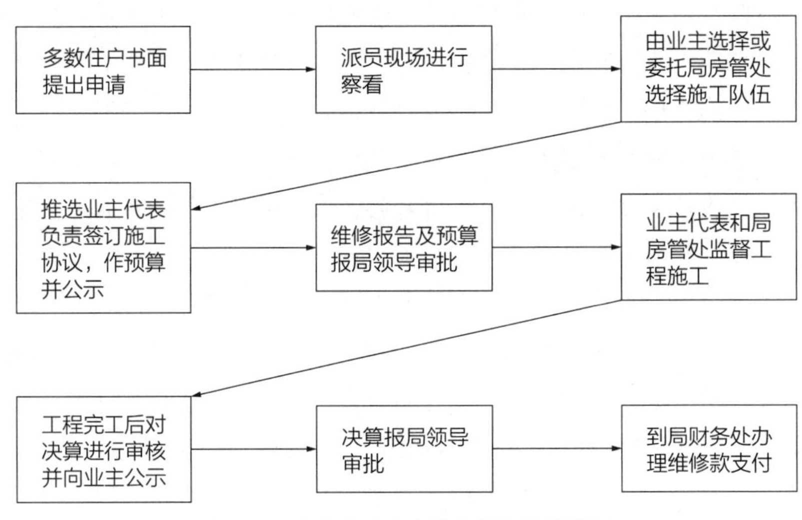

图3-20　九江市房改房共有部分维修流程

由于部分房改房老旧小区建造年代基本集中于20世纪70—80年代，随着时代变迁，原售房单位已经不存在、撤销或者改制；同时，小区缺乏物业管理，一旦缺乏业委会或者住宅维修基金难以补充，后续公共部位和公共设施的维修及管理存在难题，同时也会给政府财政造成压力。

（二）公房小区

公房是指依法收归国有和国家、地方、企业投资建购的全民所有制的房屋[62]。它是我们国家计划经济体制下形成的产物。目前，公房来源主要有政府接管原机关的宿舍、国家收购的私有住房、新建公房等，来源类型多、分布散点化、时间跨度大、管理难度较大。按产权人性质不同，一般可分为以下几种：一是直管公房，由城市各级房屋管理部门享有所有权，由其进行出租、修缮和统管，一般会分配给个人和单位承租，少部分会免租提供给单位使用；二是单位自管公房，指国有企业事业单位、机关团体投资兴建、自行管理的房屋，一般单位会按照相应政策分配给职工使用，双方签订公房承租合同。

《北京市人民政府关于城市公有房屋管理的若干规定》明确，行政、事业单位使用的全民所有公房，由房管单位直接管理或按照现实情况由该单位自行管理；国有企业使用的全民所有的公房，除由房管单位管理外，属于国家授权企业经营的固定资产，由企业负责管理；集体所有制单位自建、自购的房屋，由单位自行管理。

在公房维修方面，不同省市也有不同的规定。上海市规定，出租的公有房屋从租金中提存；事业单位自用房屋从事业经费中提存，企业单位自用房屋从房屋折旧费中提存[63]。广东省规定，公房的维护维修和管理，应贯彻以租养房、专款专用的原则，公房的租金使用主要用于房屋的维修。但在实际情况中，对于公房的管理运营在日常监管、权属管理、收益管理分配等方面还存在着较多难题。

虽然各地针对公房管理都出台了一系列政策，但是由于承租人对公房没有所有权，仅有使用权，同时有一部分承租人为城市困难居民，普遍缺乏对公房的维保和管理。此外，公房房屋不少建筑年代久远，配套设施落后，缺少物业管理，各城市公房管理单位对公房管理重视不够，管理力量也在逐渐弱化。2018年，北京市人民政府发布《关于加强直管公房管理的意见》，该意见出台的背景正是由于经过多次机构改革，北京市、区两级公房管理单位普遍存在着职能弱化、职权不明等问题，同时由于部分公房为胡同四合院，居住条件较差，存在着私挖乱建、拥挤杂乱、历史面貌损毁等情况。

北京作为首都，在东城区和西城区遗留了大量的直管公房，在老旧小区改造推进中，北京市东城区坚持“老城不能再拆”的原则，推动老城保护复兴，营造更加精致净美的城市环境（图3-21）。2023年，东城区重点加强长安街和中轴线“一横一纵”区域空间管控和综合整治。在长安街沿线，实现了8栋直管公房简易楼全部腾退，完成了东华门大街整治提升。自“十四五”开始，东城区已完成老城平房区直管公房申请式退租2853户、整院退租234个，积极探索片区式城市更新，让核心区既保有老城记忆，又增添更多具有复合功能的活力空间[64]。

图3-21　北京东城区某胡同两侧平房

（来源：中国商报）

（三）保障房小区

保障房主要包括经济适用房和公共租赁房两种。经济适用房类似于新加坡的组屋，相较于商品房，经济适用房有三个显著的特征：经济性、实用性、保障性。我国的经济适用房政策最早源于1994年，国务院开始深化城镇住房制度改革，建设部、国务院住房制度改革领导小组和财政部联合发布《城镇经济适用住房建设管理办法》，指出经济适用住房是指以中低收入家庭住房困难户为供应对象，并按国家住宅建设标准建设的普通住宅[65]。

作为具有社会保障性的普通住宅，经济适用房一般由国家统一下达建设计划，由此提出建设资金的使用计划，报当地人民政府批准，用地一般实行行政划拨的方式，免收土地出让金，对各种经批准的收费实行减半征收，出售价格实行政府指导价，按保本微利的原则确定。政府指导价以建设成本确定，建设成本涵盖征地拆迁费、勘察设计及前期工程费、住宅建筑及设备安装工程费、小区内基础设施和非经营性公用配套设施建设费、贷款利息、税金和管理费等。

2007年，建设部联合国家发展改革委、监察部等多个部门，印发《经济适用住房管理办法》，明确了经济适用房的优惠和支持政策、建设管理、价格管理、准入和退出管理、单位集资合作建房以及监督管理等方面内容，如要求“经济适用住房单套的建筑面积控制在60平方米左右”。

各地也发布了和经济适用房相关的实施办法。1998年，北京市发布《关于加快经济适用住房建设的若干规定（试行）的通知》，指出现阶段经济适用住房的来源主要有三种：一是由政府提供专项用地，通过统一开发、集中组织建设的经济适用住房；二是将房地产开发企业拟作为商品房开发的部分普通住宅调整为经济适用住房；三是单位以自建和联建方式建设的，出售给本单位职工的经济适用住房。并鼓励在经济适用住房中推行社会化、专业化和市场化物业。2009年6月，《上海市经济适用住房管理试行办法》发布，规定该市城镇家庭或者单身人士符合要求，可申请购买或租赁经济适用住房。

公共租赁房小区，一般是指廉租房或公租房小区，2012年5月发布的《公共租赁住房管理办法》明确，公共租赁住房是指由国家提供政策支持、限定建设标准和租金水平，面向符合规定条件的城镇中等偏下收入住房困难家庭、新进就业无房职工和在城镇稳定就业的外来务工人员出租的保障性住房。

2013年7月，《北京市公共租赁住房后期管理暂行办法》发布，并规定公共租赁住房的物业管理方式：集中建设的公共租赁住房，公共租赁住房产权单位可自行管理，也可通过招标投标方式将全部或部分专项服务委托给物业服务企业或其他专业性服务企业[66]。

相较于经济适用房，我国各个城市公共租赁住房小区建设和发展较晚，一般老旧小区较少，而很多经济适用房小区建于20世纪90年代，经历20多年，在配套设施欠佳、小区管理薄弱等原因下，亟待提升改造。

武汉市红光小区建于20世纪90年代，是湖北省首批经济适用房住宅小区之一，里面的居民是最早从中心城区花楼街迁出的老武汉市民（图3-22）。随着时间流逝，小区环境日渐破旧，设施陈旧、楼道杂物堆放、人车混流、活动空间狭窄、缺乏物业管理等问题日益凸显。2022年，江汉区汉兴街道作为该小区改造的实施主体，首次采用EPCO模式引入社会力量参与老旧小区改造，一方面社会资本带来了专业物业入驻小区管理，另一方面街道将小区、社区的闲置空间，如废弃的自行车棚、设备间、配套用房等交由社会资本统一规划、设计、改造和运营，用于小区公共服务，满足社区和周边15min生活圈的便民配套需求[67]。

图3-22　改造前的红光小区

（四）回迁安置房小区

回迁安置房小区的产生，一是由于城市规划、土地开发等，政府需要进行城市道路建设或者其他公共设施建设项目；二是部分住宅被确认为城市危旧房；三是由于城市建设步伐加快，部分农用地也被纳入城市规划中，因此需要对住户住宅进行拆除，并按照回迁安置的政策标准以及事先签订的拆迁协议，对被拆迁住户进行回迁安置而建设的住宅小区。回迁安置房小区安置的对象既包括城市被拆迁居民，也包括征拆迁房屋后实现撤村设居的农户。

回迁安置房小区一般存在以下问题：配套设施建设严重滞后、住区建设功能单一、公共配套不全、容积率高环境较差、缺乏专业物业管理。如杭州目前就有大量的“农转非”小区（图3-23），虽然很多建于20世纪90年代末或者21世纪初，但相较于一般商品房，能够发现这些小区存在一些突出的问题：一是居民直接支付物业费比例较低，一般均由村经合社代缴或区建管中心拨付，物业公司收缴率虽然高，但部分物业服务企业服务项目、服务内容的量化标准和费用收支出情况不够透明公开，日常服务粗放，管理水平和服务质量不高，居民满意度差；二是居民生活习惯尚未完全转变，如存在着私人废旧物品长期堆放、绿化带被侵占为菜地、违章搭建、改变房屋结构违规出租等情况；三是公共服务设施和配套供需不平衡，由于回迁安置房小区存在着大量的外来租户，而小区公共服务配套较少，如公共活动空间少、停车位数量紧缺等老旧小区常见的问题在这些小区中也较为常见。

图3-23 已改造的回迁安置小区杭州市春波小区

（五）商品房小区

商品房小区指的是经政府有关部门批准，由房地产开发经营公司通过出让方式获取国有土地使用权后开发建设，通过统一设计、批量建造并且建成后公开销售的住宅，一般包含了住宅和商业用房以及其他建筑物。商品房是开发商开发建设的供销售的房屋，能办理产权证和国土证，可以自定价格出售、在市场上进行自由交易的住宅。其价格由成本、税金、利润、代收费用，以及地段、层次、朝向、质量、材料差价等组成。

我国的商品房老旧小区普遍建于20世纪90年代，相比于一些房改房、公房小区，商品房小区虽然具有相对完整的小区空间，具备一些公共空间、配套用房，但是经历了20多年，普遍面临着建筑老化、屋顶渗漏、公共设施配置不足，消防安全隐患、公共环境差、管理不到位等问题。此外，多层商品房老旧小区普遍缺少电梯等设施配套；一些商品房小区留存的二级生化池常年处于失修、管养不力情况；一些小区供水没有实现一户一表；不少北方小区的建筑缺乏节能设计等。

洛阳市健康新村小区是建成年代较早的商品房住宅小区，有18栋居民楼、936户，由于长期无人管理，小区基础设施严重老旧、缺失，公共服务缺失、消防通道堵塞，且半数以上房屋外租，治安环境混乱，是远近闻名的“大杂院”。历经10个月，健康新村小区通过实施路面改造、雨污分流、三线入地、楼道和房顶改造，为建筑外立面增加保温层并粉刷一新，拆除违建后增加绿地、车棚、停车位，新建便民服务中心、乐养居、休闲广场、儿童乐园、乐道、充电桩等，新增智慧安防设备，还引入了物业公司，小区功能日趋完善，居民生活环境明显改善[68]。

（六）混合型小区

混合型小区一般指包含两种以上开发类型的小区，如一个小区内同时具有回迁房和商品房（图3-24），或者同时具有回迁房和房改房等，又或者同时具有房改房、回迁房和商品房。

通常，混合型老旧小区不同楼栋的建造年代不一，建筑外观各有差异，居住群体不同，产权归属较复杂，部分楼栋具有维修基金，而部分楼栋缺乏维修基金；同时，楼栋管理模式也呈现差异化，因此小区居民对于老旧小区改造的需求也有所不同。

图3-24　杭州市方家弄小区由商品房和回迁房组成

四、我国居住小区“多共体”的邻里关系

（一）职业联结型

由于很多老旧小区原来是单位为职工提供的福利性住房，小区接近工业区或单位，所以居住群体大部分都是企事业单位的职工，彼此之间既是邻居，也是同事，在传统的社会环境中形成了独特的社会关系和文化氛围，原住民有着共同的价值观和生活方式，也有着深厚的感情和信任，小区承载着一代人共同的生活记忆和情感寄托，这也是他们愿意留在小区的一个重要原因。

但随着住宅逐渐老化，住房问题逐渐暴露，对于居住在里面的老年人而言，已经习惯小区的生活方式，小区适老化缺失，公共活动空间缺失，对于邻里交往造成一定障碍。对这样的居民而言，改造其居住区是一种现实挑战，小区需要被保护和传承，同时居民需要被尊重和理解。对改造过程而言，如何根据居民职业特性，在改造设计方案中加入职业元素或者集体记忆，同时积极调动居民参与到改造过程中是一个十分重要的内容。因为原有小区的凝聚力强，单位职工较多的老旧小区改造除了实现物理空间的改造，更应该恢复小区居民的精神生活，有部分老旧小区居民因为单位改制等原因而产生失落感，而改造则需要重塑居民的归属感，引导居民摆脱单位管理模式的依赖性，能够更好地过渡到社区管理的模式中。

杭州市余杭区油田小区原为中石油职工的福利房，现在依然有大量老石油人居住。小区改造中融入“福满油田”的理念（图3-25），并将石油文化元素广泛运用到改造设计中，给6幢住宅楼分别以福字命名，在每幢居民楼下空地处打造嵌入式小型休憩空间；增加休息座椅，这不仅成为文化节点，而且还是邻里间沟通交流的好去处；打造万福园，并增设老年活动中心、幼儿活动空间，还对小区内一处闲置的荒园进行绿化升级改造，这种改造方式大大增强了居民对家园的归属感。

图3-25 油田小区改造中融入“福满油田”的理念

（二）地域联结型

德国社会学家滕尼斯最早提出的社区概念，是以血缘、地缘、共同的情感和亲密的关系为基础的人群组合[69]。一些老旧小区原住民具有相似的地域身份意识，地域相同不仅表现为来自同一个区域，有些甚至有血缘亲属关系，同时还有近似的生活习俗、语言和文化认同，这种从物理空间到心理情感的接近性，能够更好地帮助居民建立起较好的邻里关系。不少老旧小区居民就是在这种环境下生活，有些老旧小区为整村、整个街巷拆迁安置居民，或者从小区建成之初就一直生活在这里，由此建立起“熟人社会网络”。早期的老旧小区居民并不依赖于外部性社区管理力量，更多依靠邻里互助、内部商议或者社区精英带动来解决社区事务，彼此存在信任互惠的关系，具有较强的社区内生力。

在改造时，则要充分借用这种社区力量，尤其是在统一居民、调动居民参与意见时，把握社区内生力，使改造顺利推进落地，这是一种事半功倍的方式。但需要注意的是，部分老旧小区是撤村设区后的安置房小区，居民保留了一些农村原有的风俗习惯，同时部分村民会将较多的住房用于出租获取收益。这部分老旧小区往往面临着物业规范管理与村民风俗习惯协调平衡的问题。在改造时，应在尊重居民原有生活习俗的基础上，引导居民养成文明有序的生活习惯。

杭州市拱墅区大关西苑片区是最早的拆迁安置房和经济适用房居住区，目前依然有最早的拆迁安置的居民居住。在电梯加装过程中，刚退休的居民马某就投入到加装电梯的推进工作中。马某平时较为热心，早在加梯之前，他就建立邻里微信群成为群主，经常帮助单元楼的邻居维修、收快递等。在社区的支持下，不到6个月，他所在的单元楼实现成功加梯。同时，他还购买了“15＋2”加梯全生命周期综合养老保险，在这样的社区积极分子的推动下，整个片区加梯效率大大提高，“老马加梯帮帮团”的经验甚至在全市得到推广。

在杭州市一些回迁安置老旧小区中也有类似的情况。滨江区的春波小区、缤纷小区等安置小区的电梯加装工作均比较顺利，加装数量也较多（图3-26）。据作者调研，这些回迁小区邻里关系较和谐，且居民很多都有亲属关系，因此低层居民为了方便高层居民更愿意接受加装电梯。

图3-26 春波小区连片加梯情况

（三）混合流动型

改革开放和市场经济的发展，促进了人口流动和迁移，“熟人社会”的关系网络逐渐被破坏。同时，随着几次房改，以业缘为基础的单位制社区和以地缘为基础的城市居住社区逐步向混合型居住区转变。此外，老旧小区由于交通地段较为便利，教育资源较好，原住民通过房产交易将房子转让给新居民，使房产交易变得较为频繁；部分业主会将房子出租，老旧小区开始变为地缘与业缘不同的群体混合居住，社区从居民构成相似、观念统一的“低结构分化状态”转变为居民结构复杂、观念冲突的“高结构分化状态”，原有的社区团结状态逐步消失[70]。

随着老旧小区的新迁入居民人数逐渐超过原住民，在邻里关系上较为淡漠疏离。且老旧小区自治组织普遍缺乏，居民参与渠道不通畅，这也加大了社区治理共同体构建的难度，在混合流动型的人群结构的老旧小区改造中，要格外注重重塑居民邻里关系，要通过增加公共活动空间、提供社区教育、组织社区活动、畅通居民表达诉求的通道、融合历史文化传承、凝练新的文化元素并打造适合当前时代的社区文化，从而保证社区成员间能够激发出凝聚力。有学者也认为，通过培育公共精神、提高居民参与度等措施来构建社区共同体，进而形成新的社会联结以凝聚人心和提高生活品质，正成为新时代的价值诉求[70]。

五、我国居住小区“多元化”的管理模式

我国的物业行业发展也经历了起步—规范化—市场化三个阶段[71]。1981年3月，深圳市物业管理公司成立，自此，我国物业管理迈出了第一步。2003年9月，《物业管理条例》作为第一部重要的物业管理制度开始实施，也代表着我国物业管理政策的完善。2007年10月，《中华人民共和国物权法》(以下简称《物权法》)开始实施，其中第八十一条和第八十二条规定：“对建设单位聘请的物业服务企业或者其他管理人，业主有权依法更换”“物业服务企业或者其他管理人根据业主的委托管理建筑区划内的建筑物及其附属设施，并接受业主的监督”。2020年5月，《中华人民共和国民法典》(以下简称《民法典》)表决通过，原《物权法》废止。《民法典》第二百八十五条规定了业主和物业服务企业或其他管理人的关系：“物业服务企业或者其他管理人根据业主的委托；依照本法第三编有关物业服务合同的规定管理建筑区划内的建筑物及其附属设施；接受业主的监督；并及时答复业主对物业服务情况提出的询问。物业服务企业或者其他管理人应当执行政府依法实施的应急处置措施和其他管理措施；积极配合开展相关工作。”同时，《民法典》还规定“业主应当按照约定向物业服务人支付物业费”。《民法典》对于物业服务人的权利和义务、业主的权利和义务，建筑物和物件损害责任认定有了更明确的规定，对于小区物业管理提升具有积极作用。

然而我国无物业管理的老旧小区数量非常多，虽然全国层面缺乏精确的官方数据，但根据媒体报道，在改造前，各地老旧小区的管理情况均不理想，不少20

世纪70—80年代的老旧小区是单位自建小区，权属复杂，管理主体不明确，基本处于失管状态，除了保洁、垃圾清运等基础服务外，缺乏专业的物业管理。

根据统计数据，2021年，昆明市全市有3613个、8700万m^2的老旧小区没有引入物业服务，占比高达66.96%，这部分居住小区分布零散、规模较小[72]。2022年，曲靖中心城市1083个小区，没有物业管理的老旧小区有609个，其中27个小区由社区代管，37个小区由业主自治管理，485个小区由单位代管，60个小区无人管。2022年，南宁市3848个居民小区中，无物业管理小区有1838个，占比47.76%[73]。2021年未实施老旧小区物业清零工作之前，南京市有住宅小区约6200个，总面积3亿m^2，其中有2300多片无物业小区，建筑面积6000万～7000万m^2[74]。2023年，资阳市中心城区共有835个住宅小区，其中无物业企业服务小区483个，占住宅小区数量57.8%[75]。2022年，洛阳市纳入全市各区老旧小区台账的无主管小区有329个[76]。2023年10月，《成都市老旧小区推行物业服务专项行动方案》发布，明确2023年底老旧小区物业覆盖率达到30%[77]，这也意味着此前成都市老旧小区物业覆盖率尚不到30%。山西省全省设区市住宅小区16414个，其中实现小区管理的有12881个（物业服务企业管理小区7511个，单位自管小区4278个，社区代管或业委会自管小区1092个），无管理小区3533个，涉及8个市、9383栋楼、29.02万户居民[78]。2022年，在烟台市举办的“一核突破”芝罘区专场上，芝罘区住房和城乡建设局介绍，全区现有2005年以前建设的老旧小区128个，并逐步通过国企对全区110个无物业小区进行接管，在此之前这些老旧小区基本处于没有人管理、没有人服务、没有人关心的“三无”状态[79]。

部分省市无物业小区数量如图3-27所示。

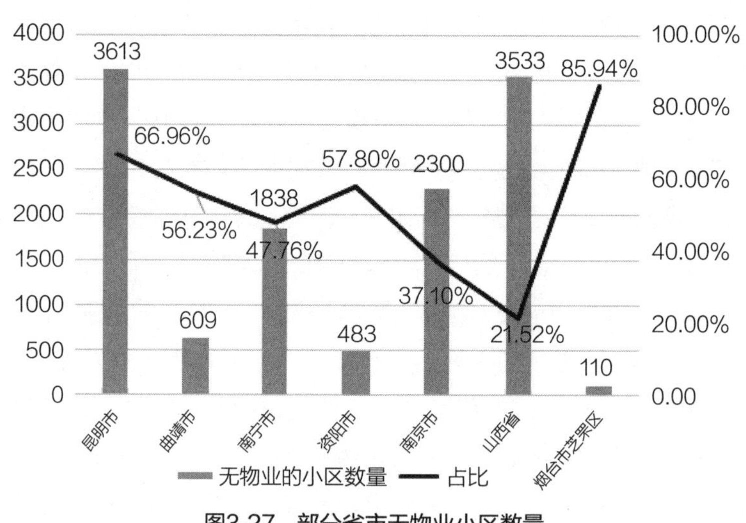

图3-27　部分省市无物业小区数量

（数据来源：媒体报道汇总）

随着全国老旧小区改造工作推进，以及无物业清零行动展开，除一些开放型老旧小区外，各地依据居民需求和实际现状，形成了多样化的管理模式，具体可分为以下五种。

（一）居民自治模式

居民自治模式主要是通过业主委员会（以下简称“业委会”）这一业主自治组织对小区进行直接管理。随着老旧小区居民参与意愿加强，一部分老旧小区开始在社区监督和指导下组建业委会，业委会可以通过民主程序，建立小区管理规范或规章制度，开展自主管理小区事务、维护公共秩序和环境卫生等活动。

小区业委会可以不聘用物业公司，而是直接聘用外包公司负责绿化、保安、保洁等小区的管理工作，长期聘用工程人员，负责小区的日常维修管理；或直接聘请物业经理及相关工作人员对小区进行管理；或组建居民志愿者队伍，或有偿招募本小区居民负责小区保洁、绿化、保安、维修等基础性工作。这种管理模式能够减少日常运营管理成本，有利于居民监督管理。

我国台湾地区在业委会自管方面具有较为成熟的经验。1995年，我国台湾地区发布《公寓大厦管理条例》（以下简称《条例》），并于2021年进行最新一次修订。《条例》第27条明确，公寓大厦应成立管理委员会或推选管理负责人。第34条进一步明确了管理委员会的职务，其中既包括对小区公共部分基础性管理，内部及周围安全和环境维护，对管理服务人之委任、雇用及监督；也包括对住户违规的协调、制止，住户共同事务协商建议；还包括收益、公共基金及其他经费的保管和运用。《条例》从法律层面明确了所有住户的权利和义务，同时认定管理委员会有当事人能力；还规定了区分所有权人会议召集人、起造人或临时召集人、管委会成员的处罚规定，严重的要判处“六个月以上五年以下有期徒刑”[80]。

目前，大陆地区的《物业管理条例》提议“召开业主大会会议”，但非强制要求，老旧小区由于先天不足，无业委会的情况较为常见，且组建和运营难度较大，监管难。据北京市住房和城乡建设委员会公布的资料，2020年5月，北京市发布《北京市物业管理条例》之前，北京市业委会（物管会）组建率仅11.9%。截至2022年8月20日，北京市业委会（物管会）组建率已达96.8%，有较大提升，但业委会的占比为27.8%，仍处于较低水平[81]。截至2021年底，山东聊城市2361个小区中，1166个小区成立了业主大会和业委会，业委会组建率49.39%，而2020年这一比例为5.4%左右[82]。广东惠州市截至2023年初，在全市1900多个居住小区中，成立业委会并完成备案的小区488个，覆盖率约为25%[83]。

当然，随着老旧小区改造加速，全国各地老旧小区也在不断摸索适合自身发展的自治模式。

2019年1月，重庆市璧山区开始“党建引领、小区治理”试点，推行在党支部引领下，小区业委会实体化运行机制，将小区业委会注册为民办非企业单位，开通对公账户、申领税务发票，实现业委会合法化、实体化运行，解决自治执行主体“形而不实”的问题，业委会通过制定管理规约和业主议事规则，定期召开议事会议，推动业主共同决定盘活小区停车、公共用房、公共场地广告位等各类资源，将公共收益用于保障小区物业管理维护。同时，明确由业委会主导小区物业服务，物业由管理回归服务，实现“小区的事业主说了算”[84]。

凤凰小区党支部于2019年1月成立后，在业主中牵头组建了保洁、安保、绿化、财务等7个监督小组，并排查出10类50多条矛盾线索，逐一解决。一年后，凤凰小区从“老上访”变成“零上访”。

瑞湖名苑小区有居民620户，其中党员40名。2019年8月，小区成立党支部，并按楼栋设立4个党小组组长。在小区党支部引领下，小区业委会注册为民办非企业单位，实现实体化运行，并采取自主管理的方式主导小区物业服务。15名党员带头组建了小区志愿者服务团队，并引导业主积极参与小区的日常治理。小区自治后，引进了幼儿园、便民超市、快递收发点等配套设施，服务业主。同时，通过改造出租底楼架空层、出租公共用房和收取公共区域车位费，增加了小区公共收益20万元，并将这笔收入用于改善小区基础设施、绿化美化小区环境等（图3-28）。

图3-28　璧山区多个小区党支部开展党员志愿服务

重庆的这一经验也入选《城镇老旧小区改造可复制政策机制清单（第五批）》，将在全国进行推广。

南京鼓楼区裴家桥社区的湖北路83号始建于20世纪80年代，一共1栋楼5个单元，仅70户住户，并且小区此前从未有物业入住。由于小区规模较小，物业引进难度较大，为结束小区无人管理的乱象，2019年，裴家桥社区组织召开业主大会，引导大家讨论协商小区管理形式，同时选举新的业委会成员，经过多次商讨，湖北路83号以差额选举形式，组建起新一届业委会。由于小区不仅有住户，还有临街商户，故业委会由住户和商户经营者共同组成。

业委会成立后，小区前后门均安装了道闸，聘请两名保安轮班，并请保洁员以小时工形式打扫公共区域。公共管理需要资金，但小区居民从未交过物业费，由此业委会划分出22个内部车位，以每个月300元的价格面向住户和商户出租，为了减少因车位紧张而产生的矛盾，业委会还针对不同人群制定了一系列收费标准。例如，面向住户和商户，小区以错峰停车方式实行车位共享，以保证商户来客的临时用车需求。对于外部车辆，小区以10元/h收费，而对经常来小区探亲的车辆，保安会专门记录车牌，以低于外部车辆的价格收费，惠及业主和亲人。目前，小区能够做到收支平衡、良性运转，业委会有专人记录收支，都有明确账目供业主查看[85]。

（二）产权单位管理模式

此前，不少老旧小区都是一些单位的职工宿舍、福利房、职工集资建房或公房等，这些老旧小区由产权单位、企业自行管理。1994年7月，《国务院关于深化城镇住房制度改革的决定》公布，提出要把单位建设、分配、维修、管理住房的体制改变为社会化、专业化运行的体制。据此，在社会化的房屋维修、管理市场中，职工购买的住房，室内各项维修开支由购房人负担。

但也有部分小区依然保留了产权单位管理的模式。根据调研情况显示，目前在房改房小区中原售房单位仍占有超过半数的产权[86]。根据中国人民大学公共管理学院陈幽泓教授在北京的调研，从实际情况看，公房售后大多长期沿用福利制的行政管理模式，由房管单位或房屋原产权单位承担房屋、设备管理维修责任。

北京市住房和城乡建设委员会也根据北京老旧小区实际情况，于2023年8月出台了《关于在老旧小区改造中进一步完善物业管理工作的意见》（以下简称《意见》）。《意见》提出，对于（原）产权单位具有管理能力或者由于多种原因需要（原）产权单位继续承担物业管理的小区，可按单位自管方式提供物业管理。同时，街道（乡镇）应在（原）产权单位协助下积极推动引入市场化物业管理服务[87]。

这种管理模式下，产权单位有物业选择权及公共区域收益权，部分由单位后勤部门实行统一化物业管理，部分则会委托给物业公司，以提供小区基本的管理、维护和维修工作，而地方基层政府则承担监督、指导、协调工作。2010年5

月，南京市江宁区发布《关于明确产权单位对老旧小区管理责任的通知》（以下简称《通知》），将查全单位分为单位自管、联合管理和委托管理三种形式，并对产权单位物业管理服务作了明确标准：“小区环境卫生应符合文明城市创建标准，垃圾日产日清，小区绿化养护良好、公共秩序井然有序，公共设施设备日常维护保养良好。”

北京市住房和城乡建设委员会的《意见》还提及可通过购买社会化服务满足业主多样化需求：鼓励（原）产权单位等通过提供付费服务或者提供市场化第三方服务单位名录供业主自行选定等方式，满足业主房屋内设备维修、管道疏通、家庭保洁等多样化日常生活需求。

对于产权单位管理的维修责任问题，各地也有相应的规定。依据《北京市物业管理条例》，公房尚未出售的，产权单位是业主；已出售的购房人是业主，售后公房之间共用部位、共用设施的维修、更新和改造，需要使用专项维修资金的，由相关业主和售房单位按照所交存专项维修资金的比例分摊。南京江宁区的《通知》[88]提到，涉及公共部位、公共设施设备、大、中修和改造等历史遗留问题的，应产权单位会同区、街道两级按法律法规及政策规定进行处理或按区、街整治出新的改造计划负责落实；涉及公共部位、公共设施设备的日常维修养护，小区有公共经营收益能承担的，从公共收益中列支；无经营收益或收益不足的，由小区受益业主分摊维修费用；涉及业主专有部分的维修，由业主个人承担维修费用。

随着老旧小区物业管理改革逐步深入，产权单位管理模式也将逐步进入市场化、专业化管理。

（三）社区代管模式

由于目前市场发育不健全，一些老旧小区在居民付费意愿、小区规模等方面仍存在一定问题，并且这些问题难以通过市场化、社会化模式解决，因此暂时仍需社区“托底”管理。一般由居民缴纳少额的卫生费或清洁费，社区委托保洁队伍或环卫公司，或者召集党员、志愿者，或者由国有公益物业企业等提供公共部位保洁、垃圾清运等兜底管理的模式。

作为社区兜底性质的物业管理模式，居民几乎不出资，一般需要政府补贴维持运转，且从管理内容来看，一般较难提供安保、室内维修等服务。因此，从长期发展情况来看，应该逐步实现由“社区兜底”向“企业接管”、由“单一治理”向“多元共治”的转变。

2023年，宜昌市伍家岗区推出“公益物业”，为老旧小区提供兜底物业服务。由宜昌市伍家岗区城投公司成立伍家新城物业公司，对于基础条件较差的小区，提供3年公益物业服务，给予每周3次的小区楼道内外公共区域保洁服务，维护基本的环境卫生。

如伍家岗隆康路社区就为属地的一马路杂居小区引进了这一管理模式。由于该小区居民构成复杂，以老年人、临时租户、工薪阶层为主，付费意愿较低；小区出口多，封闭管理成本高；小区内可利用地块不多、公共空间不足，难以支撑规模化的运营和业态布设，市场化物业公司不愿管。目前，新城物业以每户10元的标准收取费用，通过3年过渡的公益物业，逐步探索居民能够接受的付费服务，培养居民“花钱买服务”的意识，使得“先试后买”以实现可持续。在三年内，伍家岗区财政按照相应比例逐年安排资金予以奖补，第一年补助90%、第二年补助50%、第三年补助30%。居民缴纳物业费较好或向市场化物业服务转化较快的社区，还有10%的奖励资金。在新城物业试点的一个小区中，95%的居民缴纳了10元托底服务费，停车费也部分转化成物业费，弥补支出。

同时，物业公司为节约成本，将全区划分为伍家岗街办、万寿桥街办、大公桥街办等四个大片区，以基础条件较好的小区为中心向周边辐射，片区内清洁人员、管理人员流动使用，片区化运营降成本[89]。

2023年2月，资阳市人民政府办公室印发《关于推进资阳中心城区住宅小区物业管理全覆盖的通知》，通过充分发挥党建引领、居民自治、多元参与作用，探索出由社区党组织领办物业管理公司模式，走出了一条无物业小区有效治理的新路子[90]。

该模式最早于2021年开始部署试点，其中书台山社区南市街茗苑小区就被纳入到试点中。该小区规模不大，仅有14栋居民楼，常住人口在1200余人，是一个典型的插花式安置房小区，此前居民从未缴纳过物业费，小区环境脏乱差。2021年，书台山社区依托党群服务中心，连同小区居民探索建立了以“小区党支部＋自主管理委员会＋党员＋楼栋长＋群众积极分子”的五方联动治理体系，并组织小区在职、在册党员及家属先后成立了环境整治、课后辅导、综合服务等多支志愿服务队伍参与小区日常事务管理。2022年9月，为更好地解决社区内无物业小区治理问题，由书台山社区党总支出资注册成立资阳市书台物业服务有限公司，并由社区居委会主任与社区党总支书记担任物业公司法人。公司内成立党支部，由社区党总支书记兼任物业公司党支部书记，吸纳接管小区党员成立小区党支部，确保党组织的工作触角有效覆盖到物业服务管理末梢。经过近一年的治理，书台山社区全域范围内基本已实现物业全覆盖，社区居民幸福感、获得感得到了质的提升。

（四）准物业模式

准物业管理是一种较为特殊的物业管理模式，主要适用于老旧小区，由于老旧小区此前缺乏物业管理，为提高城市小区物业管理覆盖率，改善老旧小区居住环境，提出了准物业管理模式，在老旧小区实施较专业物业管理略低的管理标准，其收费一般也比较低。

2009年6月，《中共杭州市委 杭州市人民政府关于进一步加强住宅小区综合管理的若干意见》针对改善后的老旧住宅小区，引入物业服务企业实行专业化物业管理或实行社区化准物业管理。推行社区化准物业管理模式的基本服务包括：公共区域保洁服务、小区内安全秩序维护服务、停车秩序维护服务、共用设施维保服务、公共绿化养护服务、小区内道路保养服务、房屋共用部位维修管理服务等[91]。

从杭州当时试行的收费来看，《杭州市区社区化准物业管理服务收费管理办法（试行）》提出，（基准收费标准）社区化准物业管理服务基准收费标准为每月每平方米建筑面积0.15元，可上浮动20%。从杭州实践情况看，准物业收费基本均按照最低标准收取。2010年11月，杭州市地方标准《社区准物业管理规范》出台，确定了准物业管理的基本内容框架（图3-29）。

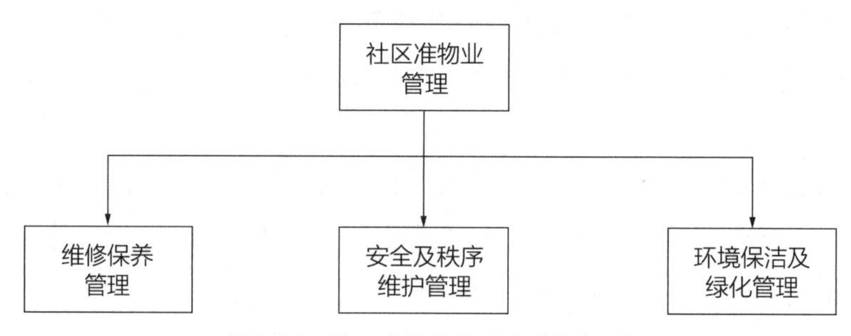

图3-29 社区准物业管理内容框架图

2012年起，北京市也开始引入多种形式的“准物业”管理来提升老旧小区的居住质量，并首先在朝阳区26个无人管理的老旧小区试点推行，在收费标准上，居民只需交纳70余元的保洁费、垃圾处理费/年，以及150元/月停车费（表3-1）。

表3-1 北京“准物业”管理的多种形式和特点

形式	特点
成立非营利性物业服务机构	依托于街道办事处，形成“街道、社区、物业服务公司、小区管委会”四位一体的准物业管理格局。非营利性物业公司通过向居民低收费以及多方筹措资金等方式，实现准物业管理的市场化运作，以市场机制保障物业服务的正常运行。优点在于能够整合街道资源、便于统一管理，高效快捷地为居民服务

续表

形式	特点
居民互助与服务外包相结合	将物业管理中的专业服务部分外包给专业物业机构，包括清扫保洁、小区绿化等；而具有技术能力的退休居民可以提供包括维修水管、维修自行车等互助服务，以减少居民需要交纳的物业服务费用。提供服务的居民可自行向居委会报名，并获得一小部分收入
居民自管与聘请专职人员相结合	建立较为完善的居民自治管理制度，将居民自管与聘请专职人员相结合，通过专职人员和专职服务队伍的服务提供，拓宽准物业服务的内容，保障准物业服务的水平和质量

2013年9月，北京市社会建设工作领导办公室发布《关于开展老旧小区自我管理服务试点工作的意见》，对准物业管理坚持的基本原则是：居民自治、共建共享、问题导向、分类指导、创新实践、试点先行。该文件基本确立了北京准物业模式的规范要求。

2019年3月，北京市通州区人民政府办公室印发《关于加强准物业或无物业管理小区规范治理工作方案》（以下简称《方案》），对准物业或无物业管理小区，由区级财政设置三年的专项补贴资金，发放标准为0.7元/（平方米·月），由各街镇申领后统筹使用。此外，通州区还设置了“老旧小区物业管理奖励资金”，标准为0.3元/（平方米·月）。根据这一资金标准，基本能够覆盖老旧小区物业管理成本。

当然，推行准物业模式是一种培养居民付费意识的一种方式，但从长远出发，既要培养居民缴费意识，又要推动建立业委会强化监督，形成良性互动的综合治理格局。此外，在不依赖政府补贴的情况下，让准物业管理模式长期运行，依然是各地需要直面的问题。

（五）专业物业模式

对于一些相对封闭独立、设施配套较为完善，具有一定的建筑规模的老旧小区，由所在街道牵头组织，按有关规定程序合法选聘物业服务企业，签订物业服务合同，实现专业化物业管理。物业费用在物价部门核定的收费标准范围内，以市场价格向住户收取。但从实践情况看，老旧小区的专业物业收费一般要低于新建住宅的收费标准。

北京发布的《关于在老旧小区改造中进一步完善物业管理工作的意见》中也明确，业委会（物管会）应结合本小区业主的需求确定服务内容和收费标准，通过公开竞争方式选聘市场化物业服务人为小区提供物业服务，并代表全体业主与物业服务人签订服务合同。同时在物业缴费方面，设置一定时间的过渡期，鼓励镇街通过“先买后补”形式给予支持，引导业主实现正常物业费缴纳。

北京市朝阳区左家庄街道顺源里社区牛王庙小区是建于20世纪70年代的老旧小区，产权性质复杂，是纯公房小区，共有5栋多层住宅楼、255套房屋，总建筑面积1.36万m^2。未引入专业物业之前，由朝阳区房管局和小区自管会共同管理，只收取租金、停车费用于小区卫生、绿化等支出。2016年底，牛王庙小区在充分发挥党建引领的作用下，引入规范化物业服务，使小区硬件条件和服务品质得到了极大的提升。牛王庙小区通过“五步工作法”引入专业物业管理：选取意向物业，广泛听取居民意见；精确测算费用，确定物业收费标准；依照法规政策，组织业主共同决定；开展综合整治，夯实物业管理基础；采取“先尝后买”方式，逐步引导居民交费。在费用来源上，属地左家庄街道聘请了第三方专业机构，对牛王庙小区房屋、设施设备、管理成本等进行系统评估，初步测算出牛王庙小区若实施物业管理，全年需管理经费约30万元。小区管理经费来源的四个方面，一是居民缴纳的物业费约占总费用的30%，二是停车费约占23%，三是产权单位补贴约占13%，四是街道补贴约占34%。物业公司在三个月试用时间内不收取物业费，第四个月开始与居民签订物业服务合同，2019年物业收费率已达到85%以上，逐步实现了小区物业管理规范化[92]。

引入专业物业，有利于老旧小区物业管理提升。然而不能回避的现实是，老旧小区依然存在着先天的问题，主要包括：物业管理配套用房和经营性用房不足，物业公司效益难以保证；居民缺乏付费意识，存在物业费收缴困难；公共部分管理难度大，存在违建、乱堆乱放、侵占公共空间、管线老化等问题；租户较多，小区凝聚力不足，居民缺乏参与意识。

第二节　回顾我国城镇老旧小区改造的历程

我国城镇老旧小区改造的历程可以大致分为各地自发式碎片化改造、全国层面启动改造缓慢推进、国家层面综合改造探索试点、各地全面开展综合改造加速四个阶段（图3-30）。

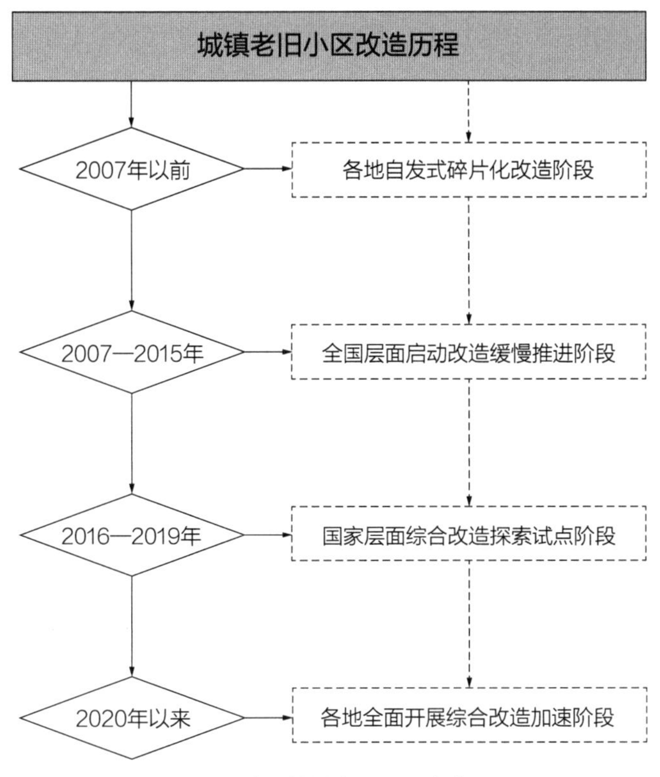

图3-30 我国城镇老旧小区改造历程

一、各地自发式碎片化改造阶段（2007年以前）

20世纪70—80年代，我国部分城市诸如北京、上海由政府牵头，开展旧城改造。旧城改造只打通主要交通干道，阻塞路段和重点拆迁、改造部分危房棚户地段[93]，以及对既有住宅开展小规模的维护改造尝试。1988年，北京市政府率先开始进行既有建筑改造尝试，选取菊儿胡同、小后仓胡同和东南园三个试点进行“危房改造”。

20世纪90年代左右，我国开始了高速城镇化建设，随着《土地管理法》修改，各大城市借助国有土地有偿使用制度的实施，新城土地出让提供了大量的资金，推动了旧城居住区的更新改造。1990年，北京市作出了加快北京市危旧房改造的决定，在《北京市人民政府办公厅转发市建委关于进一步加快城市危旧房改造若干问题报告的通知》中提出了“以区为主，四个结合”的危改方针，其中的一个结合就是“新区开发与危旧房改造相结合”，目的非常明确，就是要以新区开发带动危旧房改造，以丰补歉[94]。这一时期，北京市进行了大规模的旧城改造，拆迁安置了数万户危旧房中的居民。不过随着人们对旧城历史风貌保护认识的加深，拆迁安置的方式逐渐被修缮改建所取代。

大约从2000年开始，全国各地为改善旧城环境和旧住宅居住条件，开始自发式对旧城区集中成片的旧住宅区进行整治，旧住宅区综合整治更具系统化。

2003年9月，深圳市住宅老住宅区进行分期分批规划配套改造，对7层以上楼房未设计电梯的增设电梯，并将改善老住宅区居住环境和条件作为推进住宅产业化工作的一项重要内容。

2003年起，上海市启动全面开展旧住房综合整治，上海各区设立了旧住房综合整治资金专项账户，确保专款专用，整治资金投入控制在60元/m^2以内。至2005年底，上海累计完成房屋修缮整治2.78万幢，面积逾3492万m^2，投入资金总量超过20亿元，受益居民达101.56万户。2005年12月，《上海市旧住房综合改造管理暂行办法》发布，以推进全市旧住房综合改造工作，改造内容包括旧住房成套改造、旧小区平改坡综合改造。旧住房综合改造中，可根据规划技术要求，增加居住小区停车场（库）、物业管理用房、小区公共配套设施等内容。

2004年，杭州启动背街小巷改善工程，改善内容包括：平整路面、增设路灯、增加绿化、把架空线上改下、截污纳管、整治立面、拆除违法建筑、改善交通和增设停车点、增设公厕和果壳箱、完善服务功能。2005年9月，杭州市人民政府办公厅转发市城管办等部门《关于背街小巷改善后长效管理实施意见的通知》，对背街小巷改善后的长效管理标准作了进一步明确。这一专项改造工程成为杭州涉及面最广、参与人数最多的基础设施工程，直到2013年才取消，一共完成3090条背街小巷改善。总体而言，杭州市这一时期在保护好历史文化遗产的基础上，一方面以土地拍卖和建设拆迁安置房为主的方式，另一方面通过改善旧居住区基础设施，加快进行旧城更新改造步伐。

2005年，北京市将对旧住宅进行节能改造，对非节能住宅按照住宅建成年限和执行有关标准状况，按1991年以后、1977—1990年、1976年以前的顺序进行节能改造。

2006年2月，常州市发布《关于印发2006年老住宅小区综合整治与转入物业管理实施方案的通知》，该市按照“市负责整治、区负责管理”的总体要求组织实施，对老住宅小区综合整治内容包括环境整治、专项整治、联合执法、配套设施整治和转入物业管理五个方面。

2006年3月，南京为改善居民生活环境和条件，全市实施旧住宅小区出新工程，并发布较为详细的《2006年南京市旧住宅小区出新实施意见》，用3～5年时间对全市主城区220个，12000万m^2实施出新工作；安排44个1995年前建成的5万m^2左右的旧住宅小区实施出新，总建筑面积在267万m^2，总资金在1亿元左右。出新的内容包括清理拆除违章搭建、修整完善基础设施、整治出新房屋立面，油漆粉刷楼道内墙面和扶手、建设文化休闲场所、落实相应管理措施等。出新工作一年内完成，资金按照优秀小区50～60元/m^2，标准小区按照30～40元/m^2安排，资金由市级财政承担70%，区级财政承担30%。

能够看到，这一阶段早期，各地在探索旧住宅改造中，曾一度出现旧城大拆大建的情况，随着对旧城风貌保护认识的深入，后逐步转为小规模、渐进式改造。各地自发式启动的旧住宅区改造，改造重点不一，改造模式和改造标准各有差异，改造持续周期有所不同，改造程度和效果也各有千秋。但总体而言，这是由地方政府引导的，为了保障居民最基本的生活质量和生活安全而进行的旧住宅改造。由于地方政府资金和政策支持力度有限，也决定了最终改造成效。

二、全国层面启动改造缓慢推进阶段（2007—2015年）

2007年，国家建设部出台《关于开展旧住宅区整治改造的指导意见》，这是从国家层面首次提出旧住宅区改造的具体政策，对旧住宅区改造范围、标准及改造机制等进行规范，并明确指出旧住宅区整治改造是城市建设和发展的有机组成部分，将旧住宅区整治改造纳入政府公共服务的范畴，应按照公共服务均等化的要求，优化公共资源配置，加大整治改造的资金投入，逐步使市政公用设施、公共服务设施以及其他城市基础设施覆盖城市旧住宅区。这标志着全国老旧小区改造开始正式启动。

与此同时，2008年中共中央启动保障性安居工程，开始棚户区改造。2021年9月，《国务院办公厅关于保障性安居工程建设和管理的指导意见》（国办发〔2011〕45号）强调“加快实施各类棚户区改造”。2012年7月发布的《国家基本公共服务体系“十二五”规划》中，提到“稳步推进非成片棚户区、零星危旧房改造。逐步开展基础设施简陋、建筑密度大、集中连片的城镇旧住宅区综合整治”。2012年12月，住房和城乡建设部等多个部门发布《关于加快推进棚户区（危旧房）改造的通知》，力争到“十二五”末全国成片棚户区（危旧房）改造基本完成。由于各地棚户区改造编制了明确的改造规划，这一段时间，全国各地都集中精力应对改造需求更为迫切的棚户区（危旧房）改造，同时棚户区改造不仅需要大量的资金，还涉及居民安置问题，继而导致全国旧住宅改造进展缓慢。相比于棚户区改造，旧住宅虽然建筑标准低，但相对建筑结构保存较好，主要存在着基础设施老化、配套设施不完善等问题，能够通过修缮进行弥补，也不涉及居民拆迁安置问题。

2011年4月，重庆市发布《主城区旧住宅小区综合整治工作方案》，对主城区40个旧住宅小区开展综合整治，整治内容包括房屋整治、环境整治和规范管理，为期近一年。

2012年1月，北京市发布了《北京市人民政府关于印发北京市老旧小区综合整治工作实施意见的通知》，这是地方政府文件首次采用“老旧小区”专用名词，取代了过去的“旧住宅”“老住宅”“旧住房”等名称。这一通知明确了老旧小区整治范围、整治内容、工作机制、资金保障等多个方面，改造重点在于房屋本体改造和基础设施提升层面，并成立了北京市老旧小区综合整治办公室召集相关部门和单位作为成员单位共同推动老旧小区整治。

2012年，《深圳市城市更新办法实施细则》出台，规定全市旧住宅区将优先通过综合整治等方式改善居住环境。

2012年，福州市出台了《福州市旧住宅小区综合整治实施方案》，明确旧住宅小区整治以环境卫生和秩序维护所应具备的基本公共配套设施项目为主，主要包括：疏通或改造地下排水管网，整修路面，改造公共照明设施，完善环卫设施，规范车辆停放秩序，修建小区围墙、大门，完善小区安防监控设施，合理配置小区绿化，完善邮政信报箱、公告栏等九个方面，并通过三年时间完成五城区旧住宅小区综合整治工作。2015年5月，福州市发布《关于进一步规范旧住宅小区综合整治工作的指导意见》，整治资金由市、区财政承担。

2013年，无锡市政府发布《进一步加快市区旧住宅区整治改造工作意见的通知》，整治内容分为基础性项目和提升性项目，并成立旧住宅区整治改造工作领导小组负责旧住宅区整治改造工作的统筹、协调。2013年9月，湖北省发布《关于推进城镇旧住宅区综合整治的指导意见》，城镇旧住宅区将纳入棚户区改造范畴，一起制定规划并实施，并明确要实现旧住宅区房屋使用安全、配套设施齐备、管理维护有效、环境整洁美化四大目标。

随着国家从注重建设城市为主向以治理城市为主转变，于2015年12月召开了中央城市工作会议，会议提出“加快棚户区和危房改造，有序推进老旧住宅小区综合整治。”由此，老旧小区综合整治也被置于较为重要的位置。

总体而言，这个阶段的老旧住宅小区整治工作，基本以零星、专项整治为主，更注重建筑维修和养护，整治内容覆盖不全，居民感知力度较弱，导致老旧小区无论是规模、速度还是成效上均未达到期望效果。但是这些地方推行的经验为后面全国开展老旧小区改造提供了宝贵的探索经验。

三、国家层面综合改造探索试点阶段（2016—2019年）

2016年2月，《中共中央 国务院关于进一步加强城市规划建设管理工作的若干意见》发布，提出“大力推动棚户区改造”时，也要“有序推进老旧住宅小区综合整治、危房和非成套住房改造，加快配套基础设施建设”。

2017年12月，住房和城乡建设部在厦门市召开城镇老旧小区改造试点工作座谈会，开始部署开展老旧小区改造试点工作，提出在全国15个城市开展老旧小区改造试点，探索城市老旧小区改造的新模式，为推进全国城镇老旧小区改造提供可复制、可推广的经验。

这15个试点城市为广州、韶关、柳州、秦皇岛、张家口、许昌、厦门、宜昌、长沙、淄博、呼和浩特、沈阳、鞍山、攀枝花、宁波，这些城市规模不同、地方财政实力各有差异，老旧小区情况完全不相同，住房和城乡建设部着重探索四个方面的体制机制，包括政府统筹组织、社区具体实施和居民全程参与工作机制；多方共同筹措资金机制；因地制宜的项目建设管理机制；以及一次改造、长效管理机制。截至2018年12月，我国试点城市共改造老旧小区106个，惠及5.9万户居民，并积累了一批可复制可推广的实践经验。

2019年4月，住房和城乡建设部会同国家发展改革委、财政部联合发布《关于做好2019年老旧小区改造工作的通知》，宣布全面推进城镇老旧小区改造，并要求做好：摸排全国老旧小区基本情况；指导地方因地制宜提出老旧小区改造的内容和标准；部署各地自下而上，制定当年改造计划；推动地方创新改造方式和资金筹措机制等。

2019年6月召开的国务院常务会议上，作出部署推进城镇老旧小区改造工作的决定，以顺应群众期盼改善居住条件。会上还提出：要抓紧明确改造标准和对象范围；要加强政府引导，压实地方责任，加强统筹协调，发挥社区主体作用，尊重居民意愿，动员群众参与；要创新投融资机制；引导发展社区多类型服务，推动建立小区后续长效管理机制。同年12月召开的中央经济工作会议指出，加强城市更新和存量住房改造提升，做好城镇老旧小区改造。这是首次把老旧小区改造放入“城市更新”范畴中被强调。

“十三五”时期之初，我国城市住房保障重点在棚户区改造，并于2019年底超额完成目标任务。此后，各地将城镇住房保障重心转向老旧小区改造。2019年3月发布的《政府工作报告》中提到“城镇老旧小区量大面广，要大力进行改造提升，更新水电路气等配套设施，支持加装电梯，健全便民市场、便利店、步行街、停车场、无障碍通道等生活服务设施。”全国各地都将老旧小区改造列入政府年度工作计划。这一时期，老旧小区改造开始“区域试点”并逐步铺开，不少城市纷纷开始老旧小区改造探索，标志着老旧小区改造进入试点推进阶段。

四、各地全面开展综合改造加速阶段（2020年以来）

2020年7月，国务院办公厅发布《关于全面推进城镇老旧小区改造工作的指导意见》（国办发〔2020〕23号），这是至关重要且极具指导意义的一份文件，内容丰富翔实，不仅明确了老旧小区改造的工作目标、工作任务、推进措施及有关要求等，还释放了很多利好政策，同时也为各地开展老旧小区改造提供了基本的遵循依据，各省市结合这份《指导意见》，根据自身实际也陆续出台相关实施方案、指导意见或技术导则。2020年12月，中央经济工作会议持续强调，要实施城市更新行动，推进城镇老旧小区改造。

2021年3月，《中华人民共和国国民经济和社会发展第十四个五年规划和2035年远景目标纲要》更是明确提出，加快推进城市更新，改造提升老旧小区、老旧厂区、老旧街区和城中村等存量片区功能，推进老旧楼宇改造，积极扩建新建停车场、充电桩。2021年9月，《国家发展改革委 住房城乡建设部关于加强城镇老旧小区改造配套设施建设的通知》发布，以提升老旧小区改造配套设施建设与排查处理安全隐患工作。2021年12月，住房和城乡建设部联合国家发展改革委、财政部发布《关于进一步明确城镇老旧小区改造工作要求的通知》，以改变地方工作中存在的老旧小区改造重“面子”轻“里子”、施工组织粗放、资金来源单一、可持续机制建立难等问题，同时也下发了《城镇老旧小区改造工作衡量标准》，包含2个一级指标和20个二级指标。

2022年3月，住房和城乡建设部制定并印发《全国城镇老旧小区改造统计调查制度》，指导各地有序有效开展城镇老旧小区改造统计工作，及时了解新开工改造城镇老旧小区数量等指标，全面掌握改造小区情况及加装电梯、改造建设养老托育等服务设施的计划和改造情况，为各级政府制定政策和宏观管理提供依据。

2022年10月，党的二十大报告中强调，“实施城市更新行动，加强城市基础设施建设，打造宜居、韧性、智慧城市”“采取更多惠民生、暖民心举措，着力解决好人民群众急难愁盼问题”。老旧小区改造作为城市更新重要内容，作为惠民生的重要措施，也备受关注。

2023年7月，住房和城乡建设部联合多个部门发布《关于扎实推进2023年城镇老旧小区改造工作的通知》，提出“楼道革命”“环境革命”“管理革命”三个重点工作；着力消除安全隐患；加强“一老一小”等适老化及适儿化改造；开展“十四五”规划实施情况中期评估。该通知提出客观反映规划实施情况，提出破解难题的路径和方法，确保目标实现的对策建议。

根据住房和城乡建设部统计数据，2019年至2023年10月，全国累计新开工改造城镇老旧小区21.98万个，惠及居民3770多万户，拉动投资万亿元级（图3-31）。此外，住房和城乡建设部基于全国各地总结的经验，编印了6批《城镇老旧小区改造可复制政策机制清单》，推广各地在动员居民参与、强化长效管理、吸引社会力量参与、争取资金支持等方面的创新举措。

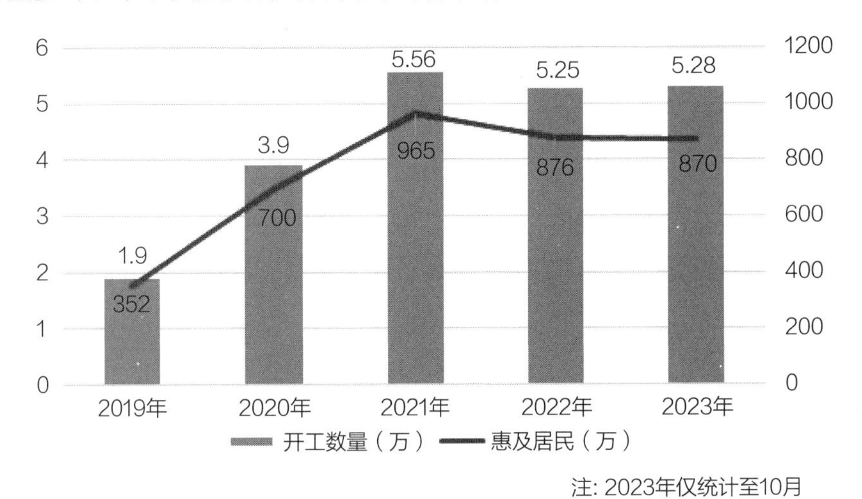

图3-31 2019年至2023年10月全国老旧小区改造数量

可以看到，在这个阶段，城镇老旧小区改造作为民生实事被放到备受关注的位置，尤其是在《国务院办公厅关于全面推进城镇老旧小区改造工作的指导意见》（国办发〔2020〕23号）文件发布之后，全国各地城镇老旧小区改造有了清晰的方向和目标，从大城市到小城镇都开始纷纷行动起来，改造速度和改造效率大幅度提升。

当然，由于自上而下的城镇老旧小区改造工作推进，部分地方在改造中未从长远角度出发，未从城市发展转型的现实情况出发，而是把老旧小区改造作为一个阶段性任务，存在着重“面子”轻“里子”、重政绩轻需求；资金投入上严重依赖政府财政补贴，增加了地方财政负担；改造实施中为赶进度存在着施工管理粗放、质量把关不严；组织统筹中存在着专营单位配合难，条线协调难；长效管理中存在着自我造血功能建立难等种种问题。不过，随着各地慢慢探索出基于地方实际的老旧小区改造之路，这些现实问题也有了更多解决路径。本阶段对完成“十四五”规划的目标和任务已经指日可待，但是面对存量更新时代到来，如何让现阶段的尝试、突破和教训为未来城市更新工作提供重要的借鉴，也成为当下一个重要的工作。

第三节　新时期下城镇老旧小区改造的动因

人民群众美好生活的需求在升级，老旧小区改造的要求也在不断提高，新时期下，城镇老旧小区改造的动因也与改造初期有所不同。除了对城镇老旧小区居住环境的改善外，新时期下城镇老旧小区居民在适老化、数字化上有了更高的需求，更在提升生活条件的基础上获得财产的增值与精神的富足。

一、改造前后小区居住环境差别较大

作为一项惠及千家万户的民生工程，推动城镇老旧小区改造，最主要的动因在于人们的殷切期盼。不少老旧小区建造之初，其目的是在快速城镇化过程中，解决大量城镇居民的基本居住问题。随着时代发展，城镇老旧小区建设标准低、功能单一、建筑老化、管理缺失等问题日益突出，严重影响了居民的居住品质。可以说，城镇老旧小区改造是居民最关心，也是最迫切的需求。

同时，城镇老旧小区一度成为“脏乱差”之地，不少老旧小区虽然占据城市较为优越的地理位置，但由于日渐破败、缺乏维护，主要居住人群变成城市中低收入者、老年人和临时租户。长此以往，城镇老旧小区的贫瘠化问题将会日益突出，城镇老旧小区的衰落和发展的不均衡会造成城市隐形化居住空间的区隔和社区的阶层化，增加了社区管理的难度，进而造成一系列社会问题。因此，推动城镇老旧小区改造能够彻底扭转老旧小区形象，提升城市整体环境品质。

城镇老旧小区居住环境提升应该着重从表3-2列出的方面入手。

表3-2　城镇老旧小区居住环境提升内容

涵盖类目	具体内容
建筑本体提升	建筑外立面修补
	屋顶渗漏修补
	违建拆除
	建筑保温层加装

续表

涵盖类目	具体内容
公共环境提升	楼道日常保洁
	路面日常保洁
	绿化管理维护
	公共照明维修
基础设施提升	水电气暖提升
	集中充电点增设
	强弱电“上改下”
	垃圾分类、垃圾设施点位增设
	增设消火栓（微型消防站）、杂物清理
配套设施提升	活动空间提升
	健身设施提升
	便民设施提升
内部交通序化	停车序化
	打通消防通道
	道路硬化
	无障碍通道
	慢性步道
小区安防提升	单元门禁提升
	增设智能摄像头
	保安岗亭提升

从城镇老旧小区建筑本体看，改造中通过拆除违建，对外立面进行冲洗、粉刷和修补，使建筑风貌更加协调，改造前后对比如图3-32～图3-35所示。

从公共环境提升看，对楼道和扶手进行粉刷、对楼梯进行修补、对内部绿化进行管养、对高大乔木进行定期修剪、对公共空间做好日常保洁管理等，也能较好地改变城镇老旧小区面貌（图3-36、图3-37）。

从基础设施来看，如增设垃圾设施、清理杂物等工作使得小区环境更加干净。同时，水电气暖等基础设施的改善也能够解决如雨天污水满溢、飞线乱拉、管网破损等问题，提升小区“天际线”，改变小区整体环境（图3-38～图3-40）。

图3-32　杭州北银公寓外立面改造前后对比

图3-33　杭州河畔新村屋顶“平改坡”改造前后对比

图3-34　杭州花苑新村北区保笼拆除前后对比

图3-35　杭州建筑墙面整治提升前后对比

图3-36 杭州和睦新村楼道改造前后对比

图3-37 宁波江北区洪塘街道一小区绿化提升前后对比

图3-38 宁波中信白云小区弱电线整治前后对比

图3-39 新昌县汽车充电桩改造前后对比

图3-40 余姚市上菱新村强弱电上改下前后对比

从配套设施方面看，提供开阔的活动空间能够拉进邻里关系，活动设施增设能够提供给居民，尤其是老人和儿童更多的休闲娱乐场地。快递驿站、便民网点改造则能够解决快递乱堆乱放、便民店不足、随意设摊等问题（图3-41～图3-43）。

小区交通序化上看，将破损道路硬化，小区道路改善，提高出行安全；按照消防标准设置小区消防通道，并用黄线加以标识；通过对闲置空地、部分绿化改造增设停车位，并对原有混乱停车的情况进行序化；提升小区慢行游步道，方便居民安全步行，公共设施上增加无障碍坡道，提高小区内部道路可达性（图3-44～图3-47）。

图3-41　宁波孔雀小区休闲设施改造前后对比

图3-42　杭州杭钢北苑活动空间改造前后对比

图3-43　杭州大关东苑文化设施改造前后对比

图3-44　义乌市东洲花园停车序化前后对比

图3-45　安吉县名都阳光城道路改造前后对比

图3-46　杭州流水西苑小区慢行步道增设前后对比

图3-47　宁波江北区洪塘街道某小区无障碍坡道增设前后对比

小区安防上看，原有的老旧小区有部分为开放式小区，大门口缺乏岗亭，缺少车辆智能识别系统和道闸栏杆等门禁设施。同时，单元楼门禁常年处于破损、敞开状态，出入口缺少监控系统或者处于失效状态，且难以对高空抛物、交通安全等进行实时监控（图3-48、图3-49）。

图3-48 杭州崇盛里单元门禁改造前后对比

图3-49 永康公安邮电小区道闸改造前后对比

2023年，作者团队曾对杭州2019—2022年完成改造的50个城镇老旧小区进行调研，从现场调研看，改造后的老旧小区居住环境提升显著。改造后的城镇老旧小区环境整洁了、道路变硬了、飞线减少了、停车规范了、设施变新了……颜值实现华丽蜕变。从调研数据情况看亦是如此：90%左右的居民对居住环境提升的感知度普遍较强，居民普遍反映“环境变好了”“现在一进小区变化很大”等，进一步说明城镇老旧小区改造能够大大增加居民的获得感、幸福感、安全感。

二、人口老年化对适老化和无障碍的迫切需求

从我国人口结构上看，人口老龄化日益明显，根据2020年第七次全国人口普查数据，全国60岁及以上人口为2.64亿人，占18.70%，其中 65岁及以上人口为1.91亿人，占13.50%（图3-50）。与2010年相比，60岁及以上人口的比重上升5.44%，65岁及以上人口的比重上升4.63%。其中，很多城市的老年人都居住在老旧小区内。根据作者团队2023年在杭州50个城镇老旧小区的调研发现，绝大部分老旧小区60岁以上老人占比在20%以上，其中一部分甚至达到30%。这些老人

是老旧小区的原住民，伴随着老旧小区的建设、变迁和衰败，由此，老旧小区的“适老化”需求迫在眉睫。

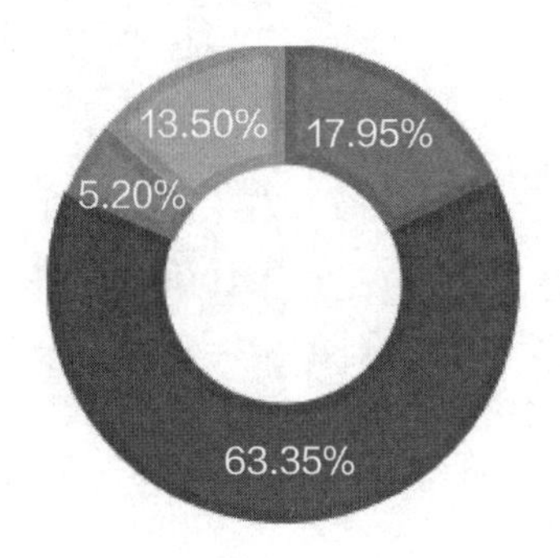

图3-50 我国第七次人口普查的人口结构

然而，目前我国城镇老旧小区的社区环境在应对老龄化方面的差距主要有三个方面：一是房屋住宅方面，建筑无障碍设施缺失，室内也缺乏防滑、扶手等适老化设计等；二是社区老年人公共配套设施方面，如居家养老服务中心、助餐、老年食堂、休闲娱乐活动场所等的供给是严重短缺的；三是交通基础设施建设，如社区公共交通、慢行系统建设等大多缺失。

（一）住宅无障碍设计不足

习近平总书记指出“无障碍设施建设问题，是一个国家和社会文明的标志，我们要高度重视”。从发达国家看，无障碍环境建设，尤其是居住环境的无障碍建设，是提升友好社区的重要载体，也是展现城市人文关怀的有力表现，它是弱势群体参与社会生活、社会交往的基础，也体现了为全体民众提供普适性、包容性、平等性公共服务的理念。

美国对于无障碍建设非常重视，较早就制定了相关法律规范。1961年，美国颁布了世界第一部无障碍标准——《便于肢体残疾人进人和使用的建筑设施的美国标准》ANSI A117.1；1968年，美国国会通过《消除建筑障碍法》；1973年，美国住宅与城市发展部（HUD）发布建筑最低标准，老年住宅需设计10%无障碍住户，这为无障碍设计走进老年社区奠定了基础；1988年修改《美国公平住宅补充法案》，要求民间建筑也必须考虑无障碍环境；1990年，美国通过《无障碍法案》（ADA），以取代《消除建筑障碍法》，要求所有的公共建筑都必须符合无障碍环境标准。美国对无障碍环境建设有严格的法律要求和强制审查，同时也通过税收抵扣等方式来鼓励无障碍建设。

目前，日本人口老龄化程度位居世界第一，该国较早地开展了无障碍设计。

1973年，日本为改造社会环境，提高残疾人和老年人的参与能力，实施了“福利城市”政策[95]，要求对20万以上人口城市实施无障碍改造；1982年颁布了《无障碍化建筑设计标准》，制定了公共设施的设计指导原则；1986年日本内阁会议提出《长寿社会对策大纲》，强调了居家护理服务，并将适老化空间作为无障碍环境建设的重要部分；日本1994年开始推行的《关于建筑无障碍化特定建筑物的有关规定》(以下简称《爱心建筑法》)，并于1995年颁布了《与长寿社会相适应的住宅设计标准》，日本开始推广与老龄化相适应的住宅体系，日本的通用住宅被称为“长寿住宅”，也称“关于老年住宅的潜伏设计”或“普通居家式老年住宅”。即住宅要适应年龄变化，尽可能满足人一生的需求，因而在住宅建造和设计时将老年人的需求考虑进去，方便老年人生活，但在建设之初不必全部做到，可以随年龄增长逐步实现[96]，只要稍加改造，就能够持续居住。2006年，日本将《爱心建筑法》与2000年颁布的《交通无障碍法》合并修订为国家级法规《关于促进高龄者、残疾人等的移动无障碍化的法律》(以下简称《无障碍新法》)，日本无障碍建筑设计中的建筑物不仅包括公共建筑，也包含民用建筑，同时在具体实践中，日本从体验出发，在整个“设计—研发—施工”全周期都邀请老年人、残疾人与设计师共同完成，确保无障碍设计的实用价值。此外，在无障碍设施建设激励层面，日本通过容积率奖励机制、税收减免、低利息融资制度来鼓励建筑开发者尽可能地为弱势群体提供便利服务（图3-51）。

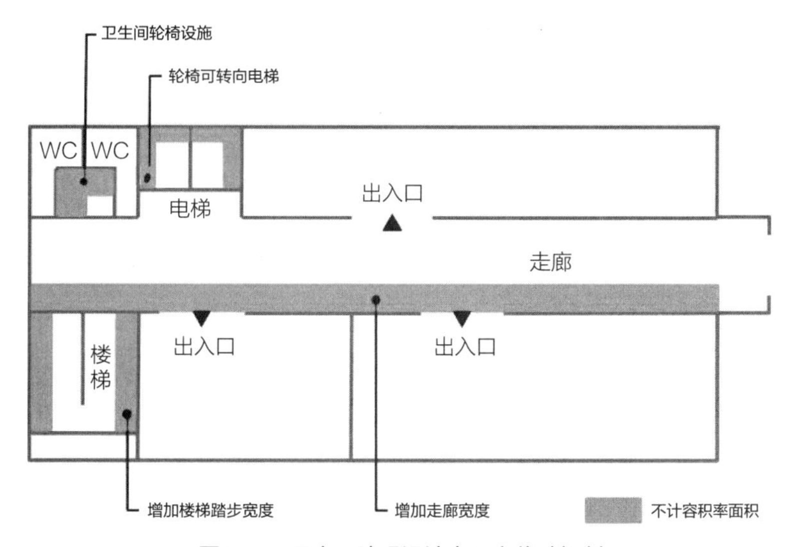

图3-51　日本无障碍设计容积率奖励机制

（来源：广州市规划与自然资源局）

新加坡属于热带雨林气候，天气炎热，雨季较多，从1965年开始，新加坡在社区住宅和公共交通之间建造了大量的慢行系统——风雨连廊，这也成为新加坡重要的无障碍设施。早在1990年，新加坡就推出《无障碍通行准则》，指导开发商、建筑师在建筑项目中规划设计满足老年人和残疾人特殊需求的设施；为了解决没有无障碍设施的既有建筑问题，2006—2011年，新加坡建设局实施了“五年无障碍升级计划”，以改善公众经常到访的建筑和区域的可达性问题；2016年，新加坡建设局出台了《公共空间无障碍设计导则》，为鼓励私营建筑业主把无障碍设施纳入改建及扩建工程中，2007年，新加坡建设局专门设立无障碍建设基金，该基金对于包含基础无障碍功能的建筑翻新能够共同支付高达80%的总成本[97]。

新加坡无障碍总体规划如图3-52所示。

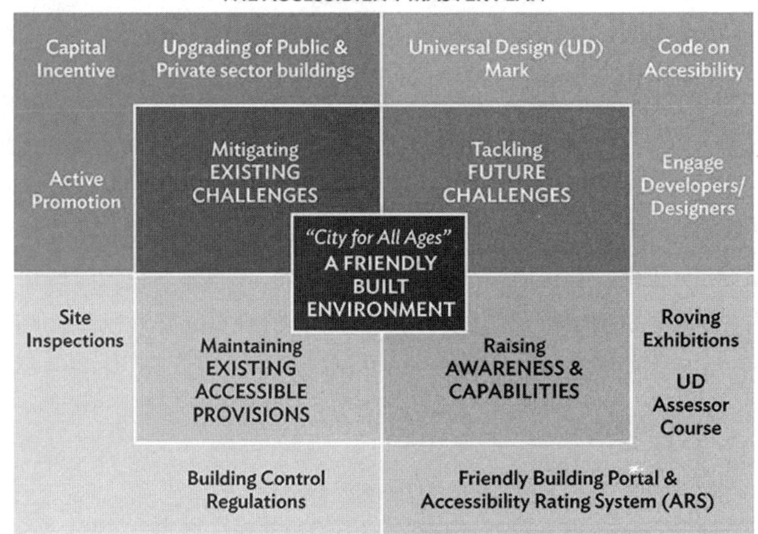

图3-52 新加坡无障碍总体规划

（来源：Development Asia）

从我国的无障碍建设情况来看，2023年9月，我国开始正式实施《无障碍环境建设法》，弥补了我国居住社区无障碍建设的法律空白。该法律明确规定新建、改建、扩建的居住建筑、居住区、公共建筑、公共场所等，应当符合无障碍设施工程建设标准。对既有的不符合无障碍设施工程建设标准的居住建筑、居住区、公共建筑、公共场所等，属地政府应根据实际情况，制定有针对性的无障碍设施改造计划并组织实施。当前，我国65岁以上老人约占总人口的13.50%，这一数据与1995年日本的65岁以上老人占比14.30%相当（图3-53）。根据国际通行划分标准，超过21%为“超老龄化社会”。而在当时，日本无障碍设施相关的法律已经相对完善，同时对于民用住宅无障碍建设也逐步规范，而后者正是我国今后需要努力的方向，为超老龄化社会做足准备。

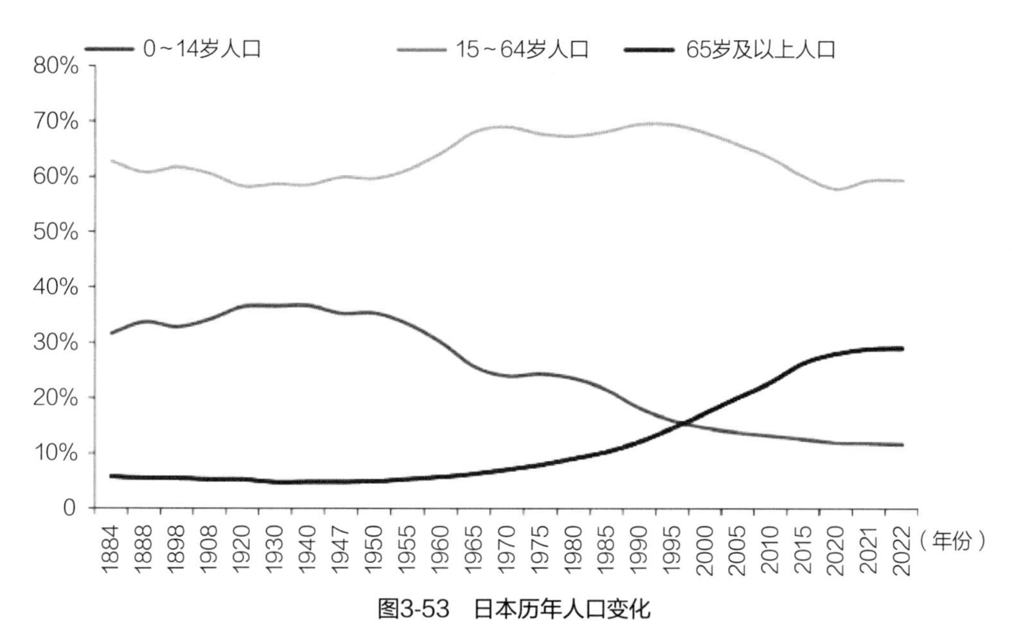

图3-53 日本历年人口变化

（图片来源：日本国立社会保障和人口问题研究所）

（二）社区养老服务配套不足

从我国人口发展和社会观念来看，“9073”居家养老模式已经成为我国应对老龄化的重要策略。2007年，上海率先提出该养老模式，即90%的老年人居家养老，7%的老年人依托社区养老，3%的老年人入住养老机构。此后，“9073”模式成为各地进行养老服务体系建设的参照目标[98]。从我国第七次全国人口普查数据来看，我国老年人目前仍然以低龄为主，60～69岁以上老人占60岁以上老人的55.83%，因此大部分老人有能力实现居家养老，然而我国居家养老依然存在着服务配套缺失等短板。

据中国消费者协会发布的《2022年养老消费调查项目研究报告》，我国88.93%的老人认为居家养老是多数老人的首选养老方式，而且年龄越大、收入越低、自理能力越强更倾向于选择在熟悉的环境中养老（图3-54、图3-55）。

从服务需求来看，居家养老的老人服务需求度最高的是家政、清洁等日常照料服务（24.6%），其次是餐饮、老年饭桌（23.4%）服务，再次是社会交往（23.4%）和康复护理等医疗服务需求（22.6%）。不同年龄段的需求也有所差异，其中60～69岁老人更看重社会交往、餐饮服务、家政清洁和健身体育服务；70～79岁老人更需要家政清洁、餐饮服务、日间照护和康复护理服务；80岁以上老人更需要康复护理和日间照护服务（图3-56）。

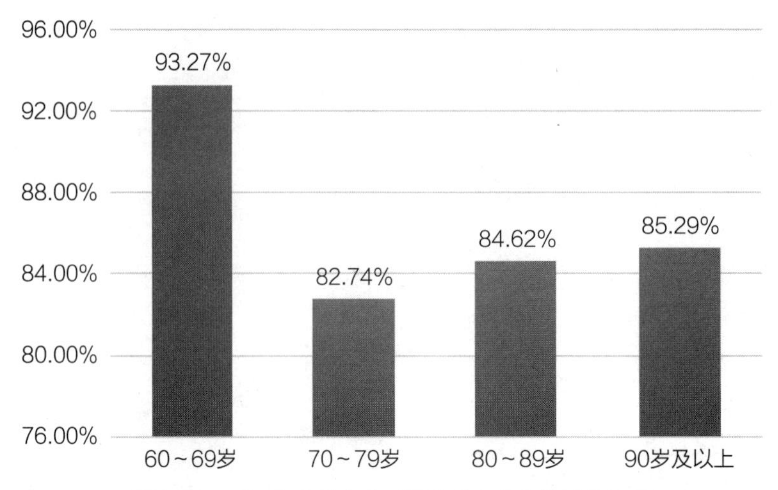

图3-54　不同年龄段老人对居家养老服务的选择情况

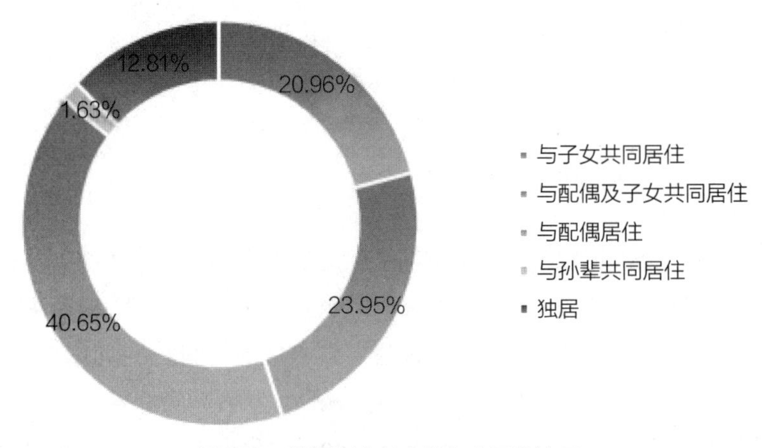

图3-55　选择居家养老的老人同住情况

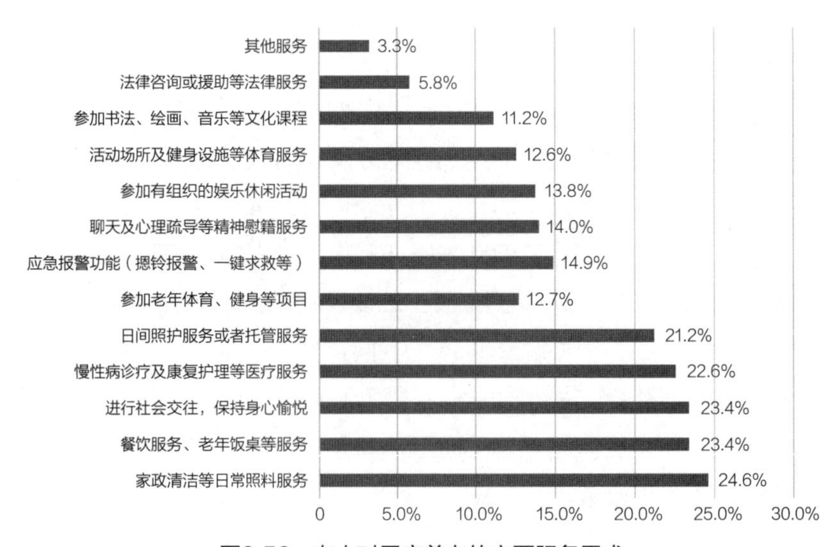

图3-56　老人对居家养老的主要服务需求

但就现实情况而言，我国养老基础设施较为薄弱，人性化服务欠佳。一是社区老年休闲、文化、娱乐、助老的场地和设施不足，包括一些日常健身器材、交流空间缺失，助洁、助餐等公共服务供给不足；二是对于部分失能失智老人的照护类服务不足，部分老人需要日间照料机构协助照顾，提供看护、问诊、拿药、陪伴等服务，同时还需要一些先进的康复设备提供日常康复诊疗和生活起居；三是智能化水平不足，部分智能化设备能够提供呼救、日常监测、精准研判等功能。但由于一些智能化设备价格昂贵，社区难以负担，或难以在老年群体中推广使用；四是社区和物业在居家养老服务提供的帮助较为有限，如引导互助养老、提供咨询服务等。

（三）社区公共交通适老化不足

随着身体机能的衰退，老年人的出行速度、范围会受到一定的限制，对大部分老年人而言，10min的步行是一个较为适宜的距离，如果要较远距离出行，则需要提供多样化、可达性的交通服务。目前，老年人“最后一公里”出行问题是个重要难题。虽然城市公共交通系统、轨道交通建设能够满足大部分日常出行需求，但是公共交通服务与老年人出行依然难以形成有效衔接。从社区与城市衔接看，存在着社区公交站点与居住区较远、交通选择较为单一、公共交通设施缺乏无障碍改造、公交站点缺少遮风挡雨的候车亭、公交站点信息不清晰等；从社区内部交通功能看，则存在着住宅楼东与小区大门、室外活动场地、通向重要节点或公共服务设施的人行道路规划不合理、慢行交通系统缺失等问题，此外，一些超市、农贸市场、社区卫生服务站等老年人必备的设施与居住区较远也会影响老年人的服务获取。交通系统可达性会影响老年人对于城市公共服务的获取，影响其社会参与能力，继而会降低老年人口较多的社区活力。

三、数字化时代下老旧小区相对滞后的基层治理

习近平总书记指出：“当今时代，数字技术作为世界科技革命和产业变革的先导力量，日益融入经济社会发展各领域全过程，深刻改变着生产方式、生活方式和社会治理方式”。近几年，互联网、大数据、区块链、人工智能等创新技术的应用开始加速，技术对于社会生产、生活方式的变革影响深远，以数字化赋能社区基层治理，对于推动国家治理现代化具有重要意义。

2021年4月，《中共中央 国务院关于加强基层治理体系和治理能力现代化建设的意见》，提出“加强基层智慧治理能力建设”，具体内容包括做好规划建设、

整合数据资源以及拓展应用场景。

（一）社区行政化管理过重

20世纪90年代开始，社会治理中心不断下移，社区开始担负起大量行政事务，如通过设立社区服务站，社区行使一部分代理职权，接受政府及其派出机关的委托，承担一部分社会事务的管理和处置权力。这种情况下，社区行政化趋势日益明显，尤其是随着行政“放管服”改革的深入推进，在资源和服务力量下沉的政策导向下，基层政府逐渐将权力下放、资源下沉，相应的责任与负担也随之转移到社区工作站[99]。2015年7月，民政部、中央组织部联合发布《关于进一步开展社区减负工作的通知》，这也说明中央看到了社区负担过重的问题。

诸如卫生体育、教育科普以及人口管理等工作，由于与群众紧密相关，在操作层和落实层繁多复杂，导致社区工作站的行政管理任务非常重；街道和社区事权存在交叉，一些不属于社区的工作也被安排到社区实施，导致社区权责不对等，而忽略了原本需要承担的服务性工作；且社区在人事、资金等激励机制上受制于上级政府管理，需要大量应对考评、检查机制，因此社区工作站更倾向于完成上级政府交办的任务，而弱化了其服务功能。

同时，社区虽然形成了社区该工作站、社区居委会和社区党委，表面上形成“居站分设”，但在实际操作层面，一般是“三块牌子，原班人马”，三个机构之间职责界定不清晰，导致社区工作站和社区居会人员不分、职能错位，一方面导致社区管理与服务出现悬浮状态，另一方面导致社区自治职能受限，难以真正达到社区减负放权的效果。

各地曾多次出台政策，力求社区重新调整职能定位，在自治和行政化之间寻求平衡。如2014年，南京出台《深化街道和社区体制改革实施方案》，实行“一收一放一包”政策，街道回收由社区承担的27项行政服务事项；街道、社区资源下放，每个社区设20万元为民服务资金；社区公共服务、专业服务外包社会组织。改革成效较为显著，但遗留的问题仍然很尖锐，社区行政负担过重的源头没有彻底斩断[100]。王义（2019）认为，当前我国基层虽然不断探索实践社区去行政化改革，但整体效果不显，主要在于上级政府的顶层设计缺乏。

（二）社区组织体系不健全

此外，不少城镇老旧小区是从单位自管发展而来的，居民长期以来依赖单位统一管理和服务，随着单位自管撤出，这些老旧小区长期处于失管状态下，若没有基层政府引导，一般较难引进物业，也无法成立业委会。在没有第三方管理和缺乏自管的情况下，这些城镇老旧小区形成了凡事依靠社区解决的习惯，增加了社区管理工作。

且城镇老旧小区的客观情况是住宅老化，维修问题多；原有居民不断外迁，后又有外来居民迁入，民情较为复杂，在资源缺失的情况下居民纠纷突出；居民人口的老龄化决定养老服务是老旧小区社区服务中需要重点关注的问题，且大部分老旧小区周围交通便利，教育资源丰富，居民对于托育的需求也在增加，因此老旧小区“一老一小”这一民生服务供给能力也增加了社区治理难度，在社区服务渠道有限的情况下，一旦无法及时妥善处理，则会影响基层治理，影响居民的归属感和认同感。

同时城镇老旧小区的社区治理还面临着资金不足的压力，其社区配套用房较少，自有资金少，主要资金来自于政府各部门、上级政府的奖补和补贴，不少处于入不敷出的状态，因此一些社区非盈利和非政府组织经费不足，导致较难在社区中开展社会活动。同时社区治理资金筹措难度较大，导致社区难以应对一些复杂事务的诉求。

我国社区治理主要参与主体网络如图3-57所示。

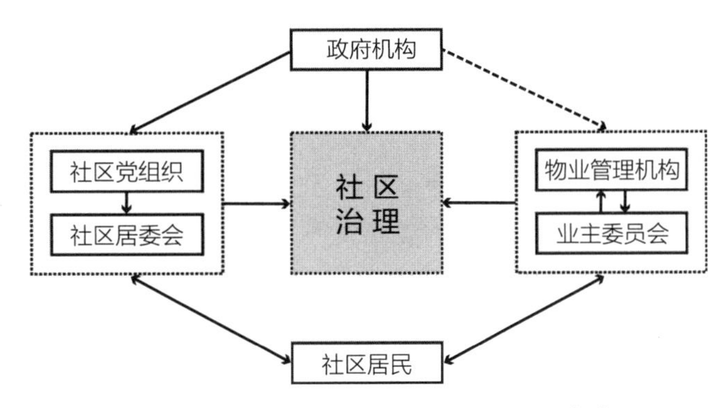

图3-57 我国社区治理主要参与主体网络[101]

（三）社区数字化治理能力较弱

数字化技术成为现代社区建设的重要抓手。然而目前城镇老旧小区的数字化技术应用不强，存在着表面数字化、信息系统壁垒、数据信息不全和应用场景不健全等问题。要让数字化技术真正发挥作用，必须要充分利用好大数据，将社区的人、房、事等数据信息进行统一整合。目前城镇很多老旧小区的流动人口较多，房屋原始资料不全，需要社区投入大量的人力和时间去收集、整合、更新所有信息，同时每一次都需要反复收集数据也增加了社区工作人员重复工作。

大多城镇老旧小区的智能设备使用较少，或使用较为零散，服务存在多、乱、杂的现象，缺乏统一的智能化平台对系统进行统筹管理，导致系统数据难以真正发挥作用，也达不到“一平台统管”的效果。同时数据的监管、数据安全也需要投入大量精力，才能达到安全协同的效果。

城镇老旧小区的数字化建设缺乏实际场景应用，如缺乏以居民服务需求为导向，难以在居民服务侧发挥作用，实现多跨场景应用，使得居民通过平台参与治理的机会受到限制，居民获得感不强；社区缺乏对新技术的深化赋能运用和运营，创新性应用不足等；一些场景应用需要专业人才支撑，而老旧小区缺少资金对数字化人才和场景应用进行持续性投入。对于中国这样人口体量较大的国家而言，在医疗、教育、养老、托育等不同领域拓展新的应用场景，能够提高社区服务效率和质量，将居民纠纷、居民问题更快解决。

四、共同富裕下居民对资产增值的需求

共同富裕是中国特色社会主义的本质要求，是中国式现代化的重要特征，是中国共产党人的初心使命所在和矢志不渝的奋斗目标。2021年4月，我国宣告脱贫攻坚战取得全面胜利，如期全面建成小康社会、实现第一个百年奋斗目标。当前，实现共同富裕这一伟大目标被放在了更加突出的地位，无论是部委，还是地方都在加快谋划推动实现共同富裕。

2020年11月，《中共中央关于制定国民经济和社会发展第十四个五年规划和二〇三五年远景目标的建议》公布，特别强调“扎实推动共同富裕”。党的二十大报告中也强调“中国式现代化是全体人民共同富裕的现代化”。2021年5月，《中共中央 国务院关于支持浙江高质量发展建设共同富裕示范区的意见》发布，支持浙江创造性贯彻“八八战略”，在高质量发展中扎实推动共同富裕。《浙江高质量发展建设共同富裕示范区实施方案（2021—2025年）》提到一点，即“大力建设共同富裕现代化基本单元”，并要“按照未来社区理念实施城市更新改造行动，加快推进城镇老旧小区改造”。

（一）老旧小区改造有利于改善居民居住品质

对人民而言，共同富裕的具象表征是“幼有所育、学有所教、劳有所得、病有所医、老有所养、住有所居、弱有所扶”。当前，我国社会主要矛盾已经转化为人民日益增长的美好生活需要和不平衡不充分的发展之间的矛盾，广大居民对住所的需求也已经从“有没有”转向“好不好”，人们不仅拥有更高的生活品质，

还对自身财产的增值有了更高的需求。

城镇老旧小区作为城市发展的薄弱地带，任其自然衰败将使得城市区域发展不平衡不充分的矛盾更加突出，使得老旧城区逐渐走向空心化，“老破小”也成为居住差的代名词。而城镇老旧小区改造是一个改善居住品质、提高基层治理的有力抓手，能够解决环境脏乱差、完善居住配套、提升小区管理能力，缩小老旧小区与新建小区的住宅品质差距，为城市中低收入者提供良好的居住环境。

同时，虽然很多城镇老旧小区地理位置优越，医疗、教育等配套较好，但小区环境、建筑老旧情况、管理状况抑制了这些城镇老旧小区住宅价值，使得部分居民难以置换到更新的小区，老旧小区陷入房产流通难和存量资源浪费的恶性循环中。城镇老旧小区改造和棚改的大拆大建和货币化补贴政策不同，不涉及安置补偿，因此不会新增大量的购房需求，造成整体房价过热，但城镇老旧小区改造项目如加装电梯、改善停车位、改善外立面形象等都会延缓小区衰败，提升小区价值，使得其焕发新活力。

此外，城镇老旧小区数量多、覆盖面大，涉及产业链较多，也成为稳投资、扩内需的重要手段。据清华大学建筑学院可持续住区研究中心主任孔鹏测算，老旧小区改造市场空间或可达5万亿元，可直接拉动传统房地产业上游的钢铁、建材、水泥、环保等行业，下游的家装、家电等行业。此外，以5G、人工智能、工业互联网、物联网等相关的基础设施也将被带动。国金证券则预估，消费建材领域中，防水材料获得的市场空间可达236亿元；涂料的市场空间为518亿元；管材的市场空间为273亿元[102]。兴业银行首席经济学家鲁政委团队也估计，全国范围内的老旧小区改造，至少需要3.85万亿元的投资[103]。虽然各方测算数据略有差异，但是城镇老旧小区改造能够让多个产业受益，尤其能够调解一些产能过剩行业，为国内大循环提供强大动能。

（二）老旧小区改造有利于推动基本公共服务均等化

推动公共服务均等化，让人人都能享受到平等的公共服务，这也是共同富裕的基本特征，也是政府的重要职责所在。习近平总书记在党的二十大报告中强调：“健全基本公共服务体系，提高公共服务水平，增强均衡性和可及性，扎实推进共同富裕。”基本公共服务涵盖医疗、养老、托育、教育、就业、文化、体育、住房保障等多个领域，其均等化体现为全民共享、公平普惠、区域均衡。

2022年1月，《“十四五”公共服务规划》印发，提出加快提升基本公共服务均等化水平。城镇老旧小区公共服务和配套设施不健全情况较为突出。2020年，住房和城乡建设部等13部委联合发布《关于开展城市居住社区建设补短板行动的意见》，并随文发布《完整居住社区建设标准（试行）》，也提到各地要结合地方实际，细化完善居住社区基本公共服务设施等建设内容，补齐社区建设短板。城镇老旧小区由于空间受限，从完整居住社区15min生活圈设施配置要求来看，目前较难满足居民生活需求，尤其是老年人居家养老服务、幼儿托育服务、文化活动空间等供给难以满足实际需求，此外城镇老旧小区智慧化建设水平较低，社区在面对大量需求时，公共服务效能难以跟上，导致公共服务水平较低（图3-58）。

图3-58　15min生活圈

（来源：《完整居住社区建设指南》）

本轮老旧小区改造提出不做面子工程，改造重点除了聚焦小区配套和市政基础设施，还要进行公共服务配套设施建设及其智慧化改造，提升社区养老、托育、医疗等公共服务水平，让老旧小区居民能够享受更好的公共服务，弥补历史欠账，这为实现共同富裕打下了较好基础，也为基层社区治理提升提供了支持。

（三）老旧小区改造有利于促进居民精神生活富足

习近平总书记指出：“既要物质富足、也要精神富有，是中国式现代化的崇高追求。”2022年，我国城镇居民人均可支配收入超过49283元，城镇居民生活已进入相对富足的阶段，文化娱乐、健身休闲等都成为大众日常生活，对于精神生活需求也在逐步提升。

城镇老旧小区作为居民生活起居最为密切的空间，不仅要为居民生活提供便利的服务，营造舒适的生活环境，也需要保留和传递该地区的场所精神、价值观与精神意志[104]。然而城镇老旧小区居民精神文化生活需求被长期抑制，一方面，受限于文化活动场地和设施限制，另一方面，在城市居民个体化、异质性的背景下，城市社区可能真的无法回到传统意义上的共同体，但是共同体所具有的那种公共精神却是当前的城市社区所需要的，它是凝聚社区居民的纽带[105]，但居民对这方面的需求也尤为强烈。随着软硬兼修、内外兼修成为老旧小区改造趋势，老旧小区越来越注重历史风貌和特色文化传承，让居民能够在日常生活中感受到文化氛围，同时能够延续集体记忆，强化集体精神。

一是城镇老旧小区通过特色凝练植入整个改造方案中，如通过增设景观小品、文化墙绘提升社区文化，通过空间腾挪建立文化广场或文化活动室，让居民能够在家门口增进邻里交流，实现社区文化共融共通；二是老旧小区通过举办各种类型社区活动，培养共同文化爱好，如开展地方戏曲、兴趣学习、文化鉴赏等活动丰富居民精神世界；三是老旧小区改造需要组织多方共建，如改造意见征求、加装电梯等涉及家家户户利益的事件能够激发居民自治意识，培育社区精神，建立生活共同体，真正实现“促进人民精神生活共同富裕”。

第四节　目前城镇老旧小区改造存在的问题

目前，全国城镇老旧小区改造工作已初见成效，但仍然不可避免地存在着改造资金相对不足、各方利益众口难调、改造成效难以保持、改造要求不断提高、工程质量难以保证等问题。这些问题不仅制约着城镇老旧小区改造进程与质量，更制约着改造成果的可持续。

一、改造资金相对不足

城镇老旧小区改造是一项庞大的系统工程，所需的改造资金也数量不菲，在改造中仅仅依靠政府的补助与专项资金的支持是无法满足改造需求的，因此资金筹措也是城镇老旧小区改造的重要一环。目前我国城镇老旧小区改造主要以财政资金投入为主，这种政府“大包大揽”的改造模式，容易导致财政压力过大，降低了多元主体参与的积极性，阻碍市场机制的发挥。

（一）财政补助压力大

我国城镇老旧小区改造工作初期，都是依靠政府的专项基金和地方的财政补助来维持的。然而，我国城镇老旧小区数量非常庞大，随着越来越多的城镇老旧小区开始加入改造，城镇老旧小区居民的改造需求越来越高，城镇老旧小区改造需要的资金总规模也越来越大。例如：2020年国家发展改革委累计下达内蒙古15亿元用于老旧小区改造[106]；吉林省长春市2022年实施改造老旧小区284个，计划投资21亿元[107]。这对于国家与各地区来说都是一笔不小的投入。

近年来，受经济下行压力的影响，国家和地方收入相对往年有所缩减，财政预算更加有限。这样的大环境下，一些经济实力不足、财政资金不宽裕的地方政府已经无法负担城镇老旧小区改造的所有费用，从而暴露出城镇老旧小区改造庞大的资金需求与不宽裕的政府资金供给之间的矛盾[108]。因此，财政补助的不足是影响城镇老旧小区改造的问题之一，但财政补助早已不能是城镇老旧小区改造工作的全部资金来源，亟须通过资金筹措的创新机制与手段来解决资金短缺难题。

（二）居民出资动力弱

一方面，城镇老旧小区居民的出资动力普遍偏弱。从居民年龄上看，城镇老旧小区居民多为老年群体，经济来源依赖政府发放的退休金和养老金，且除了基础生活设施与活动场所外，对小区的改造内容没有过多需求，因此出资能力与意愿都偏弱；从居民职业上看，在城镇老旧小区常住的居民大多是老企业员工、回迁安置人员、外来务工人员，收入水平普遍不高，在改造上需求并不高，更有甚者对改造内容漠不关心，导致了出资协商过程中存在较大困难。与此同时，城镇老旧小区由于年代较久，常年缺失的管理使小区所拥有的专项资金不足，没有办法对居民出资的不足进行填补，从而进一步加重了老旧小区整体出资能力较弱的现状。

另一方面，即便居民有出资能力和意愿，也仍然面临许多问题。一是居民在城镇老旧小区改造中的出资方式主要有：按“谁受益、谁出资”收集资金、居民筹资捐赠、提取住房公积金用于改造、出售小区公共资源用于改造等，这些出资方式有一定的资金填补作用，但占老旧小区改造资金的份额仍然很小，并不能给予改造足够的资金支持。二是居民出资的渠道、使用的方式都没有严格的制度保障，缺乏改造费用分摊规则与资金筹措机制，使居民感到出资难、使用不透明、资金没保障，反而降低了有出资能力居民的出资意愿。

（三）社会资本介入难

依靠政府与居民的资金投入只能支持城镇老旧小区小范围、低标准的改造，更大范围的改造、提升类的更新工作还需要继续投入大量的资金，这就离不开社会资本的参与。但是在社会资本实际引入的过程中，仍然面临“不愿投、不敢投、投不起”难题，影响着城镇老旧小区改造项目对社会资本的吸引力。

首先是政策的支持力度不够。从国家到地区，关于社会资本介入城镇老旧小区改造的政策文件中多仅限于“表示支持”，并没有出台具体的支持措施，包括：处置权利、政策优惠、税收补贴等，使社会资本只知政府支持之“意”，不见政府支持之“力”[109]。例如，直到2003年广州市住房和城乡建设局才在全国率先出台引入社会资本参与老旧小区改造的全流程办法，对引入、监管、退出等全流程作出指导，然而这样的政策文件并非全国各地区的都具备，而其他地区此类办法机制仍不多见。

其次是城镇老旧小区改造投入大、周期长、收益不确定性高，社会资本参与的积极性普遍不强。一是城镇老旧小区改造是一项具有公益性质的工作，项目盈利空间有限、投资回报周期长[110]，不同于旧村、旧城改造中的“大拆大建”，其多数项目主要是以“微改造”为主，常见的盈利方式主要是物业管理、项目施工、房屋车位租赁等，实际收入较少，对社会资本的吸引力较弱。二是社会资本进入退出的机制并不完善，相对于城镇老旧小区改造中道路、电梯、公共设施等巨大的资金投入，改造后产生的收入十分有限，社会资本面临前期投入大、退出难，贷款利息多、资金周转周期长等高风险问题，且城镇老旧小区管理难度大，不确定成本较高，最终导致社会资本望而却步。

二、各方利益众口难调

城镇老旧小区改造涉及的利益主体较为庞杂，如图3-59所示，政府部门涉及中央与地方政府到街道办事处；政府下属职能部门涉及住房和城乡建设部、财政部、经信委、城管委等；企业主要涉及施工单位和物业单位等；也包括老旧小区的居民委员会与居民个体。由于各方利益存在差异，如何在城镇老旧小区改造中找到各方利益平衡点始终是一个城镇老旧小区改造难题。

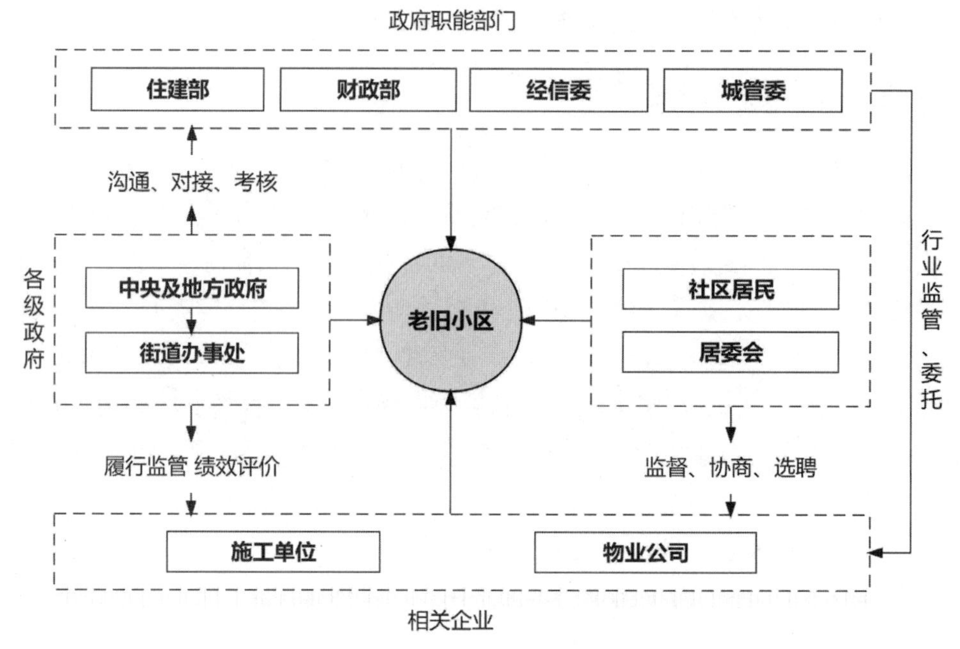

图3-59 老旧小区改造中各利益相关者关系

(一)政府公共利益与主要企业经济的利益矛盾

我国致力于打造“服务型”政府，各级政府与职能部门的利益倾向于“公共利益”，更关注公众的服务与集体的需求。然而，企业在利益诉求上与政府及相关部门有着极大的反差，施工单位与物业公司等企业在响应政府号召、进行服务社区建设与管理的过程中，更加追求于自身的盈利。于是，各级政府及相关部门与各企业之间就产生了利益的矛盾点。

对政府及其职能部门来说，政策的制定、工作的指导都是出于对公共利益的保护，要考虑到社会的可持续发展与人民生活的幸福感。这些政策与标准在城镇老旧小区改造的实施过程中可能会对企业部分经营利润产生负面影响，导致企业需要付出额外的成本。但各地政府大多都没有出台合适的政策与制度，来保障企业的进入与退出，也没有足够的资金对企业的额外成本进行补贴，从而使企业不愿也不敢介入城镇老旧小区的改造工作。

对相关企业来说，城镇老旧小区年代久远，小区的硬件设施陈旧、空间狭窄、居民素质参差不齐，企业的投入大、周期长，收益难以保证，在政府政策、资金支持不到位的情况下，会更倾向于投资新建小区。即便是开始了老旧小区改造工作，也可能为了保障自己的利润，降低施工标准与服务质量，使改造后的老旧小区在硬件设施、管理服务等方面都无法达到政府的要求，从而违背了政府开展城镇老旧小区改造的初衷，使政府无法对公众的需求交出满意答卷。

（二）主要企业与居民的利益矛盾

在城镇老旧小区改造中，与社区居民直接接触的企业主要是物业公司与施工单位，这两家企业决定着老旧小区改造的工程与服务质量，直接影响着居民的幸福感与满意度。在老旧小区改造的各个时期，这两个主要企业都会与社区居民产生或多或少的利益冲突，影响着城镇老旧小区改造的进程与质量。

从施工单位上看，城镇老旧小区设施设备陈旧，需要施工的内容大到外立面、道路、管道等，小到雨篷、水表、消防设施等，涉及小区居民生活的方方面面，和社区居民有着最直接的矛盾：一是安全矛盾，施工单位需要在老旧小区上投入更多的成本来保障社区居民的生命财产安全，无形之中加重了施工单位的负担，且一旦出现安全问题，社区居民会立刻对施工单位失去信任，激化双方冲突；二是日常生活矛盾，城镇老旧小区施工过程中可能会因为施工占道、管线中断等影响到小区居民的正常生活，居民就会将矛盾指向施工单位，而施工单位为了保障居民的正常生活往往会进行错峰、避让，导致施工进度拖延，进一步加大了施工成本。三是质量矛盾，施工单位的施工水平参差不齐，甚至为了节约施工成本在施工中有不规范的操作，最终导致某些改造项目无法达到居民的需求，进一步激化双方矛盾。

从物业公司上看，物业公司是通过为业主提供各类服务，以保障业主的生活与居住品质，从而达到追求自身经济效益的目的单位[111]。当居民认为物业公司带来的服务不合格、收费不合理时，很难通过合法、有效的方式来维护自己的权益，从而与物业产生矛盾。产生这种利益冲突的直接表现是居民不再配合物业公司的管理、不缴纳物业费，进而影响到物业公司的直接收益与可持续运营。为了弥补这种损失，物业公司又将通过增设广告位、出租小区公共空间等方式来增加收入，进一步降低了服务的数量与质量，激化与居民的冲突。

（三）居民需求与政府政策的利益矛盾

城镇老旧小区居民对改造后的老旧小区既有提高生活环境的基础需求，也有提升房屋价值的更高要求，但政府的改造政策与做法不一定能与居民日益提升的需求完美契合，从而产生了需求与政策间的矛盾。

首先，从政策制定上来看，政府政策与居民需求会有利益偏差。一是在政策与规划出台前，政府往往会委派相关单位进行民意调查，但许多居民反映民意调查是“走形式”的行为，并没有进行结果公示，也未能真实反映居民真实需求，依据这个调查出台的改造政策与方案就会与居民实际需要有较大出入，最终导致居民对改造政策、方案的不满。二是居民补偿上的矛盾，政府给予居民的改造补偿不足以弥补居民自建设施拆除、现有设施的破坏等的损失，政府的政绩形象可能会与部分居民当下的个人利益产生冲突。

其次是政策实施中，实施的过程与效果不能满足居民需求，产生利益矛盾。一是政策方案落实确实不到位，由于城镇老旧小区改造工作涉及的部门多、协调难，一层层落实到居民身边时会与原有时间、标准有偏差，未能达到居民要求，从而使居民对政府行为失去信心，反而降低了居民在改造中的配合度，更加剧了政府工作难度。二是信息不对称造成的利益矛盾，居民往往会对改造政策缺乏有效的理解，且政府也缺乏针对居民的政策宣传与贯彻，特别是如果再缺乏有效的反馈沟通渠道，政府和居民的利益冲突矛盾就会爆发出来[112]。

三、改造成效难以保持

城镇老旧小区改造的目的并不是为了实现短暂的整治，而是想要真正提升城镇老旧小区居民的居住环境，得到长期的居住效益。但是，城镇老旧小区的改造成果的维持受到很多方面的阻碍，使得城镇老旧小区改造成果的可持续发展受到影响。

（一）维护资金“难以为继”

城镇老旧小区改造后的成果维护是一项系统的、长期的工作，需要大量经费的持续投入才能保证。但是，同老旧小区改造资金相对不足的问题一样，城镇老旧小区改造成果的维护资金也面临“难以为继”的困难。

一是改造设施设备的长期维护贵。刚结束改造的城镇老旧小区设施设备大多都有1～5年不等的保修期，短期内通过责任主体的简单运营与维护就能够保证老旧小区的正常运转，且无须支付过多的费用。但是保修期过后，这些设施设备的保养、维修、更换费用将会逐年增大，改造后的城镇老旧小区最终会因资金不足而陷入无人管护的窘境。

二是资金来源单一且不可持续。同老旧小区改造的资金来源一样，现如今改造后的城镇老旧小区维护资金大多还依赖着政府的补助和专项的基金来源，少有企业与社会资本的投资。并且物业等企业在老旧小区成果维护中面临着投入大、收益单一、回报周期长等现实风险，虽然这些企业在城镇老旧小区改造过程中多有出力，但也离不开政府大量的资金支持。面临城镇老旧小区改造成果的长期维持问题，企业仍然有不小挑战。

（二）改造机制“头重脚轻”

城镇老旧小区改造并不是“一劳永逸”的工作，改造工作结束后的管理和维护才是保障城镇老旧小区可持续发展的关键。然而，城镇老旧小区的改造机制存在“头重脚轻”的问题，即：多年来，城镇老旧小区改造前、改造中的工作机制越发完善与成熟，但是改造后的长效管理机制却被忽视。这也是全国城镇老旧小区改造工作所存在的普遍问题。

首先，城镇老旧小区大多缺乏完善的、专业化的小区物业服务体系。城镇老旧小区改造后仍有部分基础设施相对落后、业主满意度相对较低、物业服务收费与物业费收缴率低等问题。且城镇老旧小区物业管理缺失或低质化供给现象普遍，这也是群众意见大、呼声高的问题。城镇老旧小区业主与物业之间的矛盾会直接影响老旧小区的物业服务质量与居民幸福感，从而促使老旧小区管理工作恶性循环，不利于老旧小区治理的长效与稳定。

其次，城镇老旧小区改造后的管理创新机制不足。我国城镇老旧小区改造后的管理过程中，大部分小区没有专业的业主大会和业委会，自治制度与自治能力不足。同时，政府没有给予自治组织足够的孕育空间，基层自治组织数量少。在改造后的老旧小区长效治理过程中，应加强创新管理机制的探索研究，重视基层党建引领社区治理创新作用。

（三）管理缺乏“多元共治”

一是管理体系建设难。由于城镇老旧小区改造牵涉甚广，不仅涵盖多个政府部门、施工单位，还包含水、电、通信等专营单位，因此小区的管理工作极具复杂性。不少城镇老旧小区组织职能不明确，责任不清晰，人员结构待优化，容易造成其行动力欠佳和管理效力缺失的问题，难以构建科学、合理、可持续的管理体系。

二是专业物业引入难。城镇老旧小区在旧城区中占比较高，这给所在街道、社区的管理增加了一定的难度。而在选择物业管理模式时，物业公司往往存在着“挑肥拣瘦”的现象，导致小体量、盈利较少的老旧小区难以找到适合的物业公司管理，无法提升管理质量和水平。这些老旧小区一旦面临引入专业物业服务难、无维修管养经费的状况，无法支撑维护投入，客观条件上容易导致问题反弹，改造成果难以长期保持，难以形成可持续的市场机制。

三是居民自治参与难。随着城镇老旧小区改造工作的纵深化，加强居民对社区自治的参与度已成为实现长效治理的重要工作目标。但现有城镇老旧小区的改造规划多流于表面，仅对居住区物理空间进行优化，缺乏对居民生活圈层的构建和总体生活品质的提升，导致改造后难以引导居民参与社区治理。实现居民自治，既需要便捷的参与渠道和透明的管理公约，又需要有效的激励政策提高参与度，然而城镇老旧小区尚未建立健全专业合理的居民参与机制，使居民、社区之间的交流存在一定隔阂，进一步加大了长效治理的难度。

四、改造要求不断提高

随着我国城市化进程的加速推进，城镇老旧小区的配套设施不齐全、生活环境较差的问题越发明显，如今的老旧小区已经无法满足居民不断提高的居住环境与空间需求。虽然我国的城镇老旧小区改造工作一直在不断提速，但如今的改造工作仍然存在不符合居民需求、期盼的问题，主要体现在以下几个方面。

（一）改造进程跟不上需求增长

一是城镇老旧小区改造的规划限制，难以短时间满足居民的改造需求。随着我国老旧小区改造工作的覆盖面越来越广，城镇老旧小区的居民改造意愿越来越强烈，越来越希望尽快让改造工作做到家门口。但是，每个地区的老旧小区改造有明确的地区规划与时间安排，短时间内很难覆盖到所有具有改造需求的老旧小区。同时，未被划分为老旧小区的住宅区也在逐步老化，居住环境不容乐观，这些小区的居民也在期待一个改造的机会，更增大了城镇老旧小区改造的压力。

二是城镇老旧小区的客观条件限制了改造进行，跟不上小区居民需求。老旧小区所处的地理位置大多在小区密集的城区，且小区内原有空间较小，房屋结构复杂，建筑间距小、密度大，基础设施较差，这些小区现有的客观条件是小区改造的基础，也限制了小区的改造内容与成果。例如：由于空间有限，大部分城镇老旧小区无法规划出满足居民需求的停车位、公共活动空间，也有部分楼栋因空间限制无法达到标准满足居民加装电梯的需求。

三是城镇老旧小区居民需求日益升高，产生了更高的新需求。随着科技赋能带来管理方式的蝶变，将智能化技术应用到老旧小区的日常管理中成为老旧小区居民的新需求。智能化技术的运用可以提高城镇老旧小区的安全性、便利性和高效性，甚至可以依据小区与居民的不同特点满足个性化的需求，也能进一步满足老旧小区日益增长的适老化需求。但是由于城镇老旧小区改造的计划与投入不同，这些提升类的技术与设施大多未能在老旧小区中普及，新阶段的居民提升新需求未能得到满足。

（二）改造内容与需求产生偏离

居民是老旧小区改造的受益主体，想要让受益效果更好，抓住居民的需求是改造根本。但是，目前的城镇老旧小区改造仍然存在改造内容与居民需求产生偏离的问题，限制了老旧小区改造工作的效率与质量。

一是改造前期需求调研不充分。随着城镇老旧小区改造工作的持续推进，居民对老旧小区改造的态度已经从最初的观望甚至不理解转变为如今的支持与主动参与。这种环境下，居民更希望能够发挥主动性，对老旧小区的改造内容提出自己的意见。居民需求的内核首先是居民，然后才是需求，需求源于居民。因此，各地区对老旧小区居民改造意愿的调研工作应运而生。但是各地区在对居民需求调研的过程中往往有调查覆盖面不足、人群结构单一、需求提炼不精准、需求公示不透明等问题，未能精准把握到城镇老旧小区居民的需求，从而直接产生了改造规划与实施的内容与居民真实需求无法对应的问题。

二是施工单位与物业单位的施工服务质量与居民需求有偏差。大多城镇老旧小区的施工与物业单位招标过程中，缺乏居民的评价、监督体系，从而遴选出的相关单位有时不能达到居民的期待。在施工中，施工单位在环境有限、监督不足、成本难控的情况下，会有施工质量与居民要求不符的问题，从而造成居民对施工单位的不信任，阻碍改造进行。此外，在物业单位管理过程中，也会因为物业管理水平不能达到居民需求而产生物业费收缴率低、居民不配合等问题，影响老旧小区的施工与管理。

三是改造内容不能满足居民需求甚至损害居民利益。在改造过程中可能会有占道、噪声等影响居民的正常生活的行为，可能会出现“一刀切”拆除居民生活设施的行为，也存在占用居民晾晒、停车、活动场所的行为，这些行为不仅与让居民生活更加便捷的改造理念相矛盾，甚至在拆除、占用过程中反而损害了居民的利益，违背了城镇老旧小区改造的目标与要求。

（三）需求多样且难以协调

城镇老旧小区改造中的居民需求涉及生活的方方面面，内容繁多，更涉及土地、房屋等有限空间资源的利益调整，必然涉及个体、集体和公共利益的矛盾和冲突。

一是针对不同的改造项目，不同居民群体对改造的需求大多不同。虽然大部分城镇老旧小区改造项目是居民全体受益，因此意见比较统一，但也存在着部分改造项目只给部分居民带来方便，甚至会给其他居民带来不好的影响。因此，往往低层居民与高层居民、年轻居民与老年居民、不同楼栋居民之间的需求难以统一，从而改造难以推进。例如：年轻人想要更多的停车位，而老年人在绿化与活动空间上有更高的需求；高层住户加装电梯的意愿强烈，而低层住户更担心加装电梯带来的采光不足、噪声污染、房产贬值等问题。

二是居民的需求与利益难以有效协调，改造方案难以达成共识。城镇老旧小区的改造实施需要大多数居民的同意才能实施，但这需要长时间、多方式、常反复的沟通与协商才能达成，这常常使老旧小区改造陷入“一人反对，全盘搁置”的困境。虽然我国大多数小区在协调居民诉求时会有一些自治组织的加入，但这些自治组织大多不够权威，也很难协调好不同居民之间的利益冲突，进而给改造工作造成阻碍。

三是居民归属感弱，参与性差，需求获取难。城镇老旧小区中许多原著居民都已经搬离，原有的“熟人社会”消解。同时由于城镇老旧小区房租、房价相对较低，周边配套设施较为完善，教育、工作资源丰富，老旧小区购房、租房迁入人群中青年人口持续增加。但是这些新入职的居民对社区的归属感不强，对社区工作的支持力度不大，在获取老旧小区改造意见时的反馈较为敷衍，导致小区改造的需求调研难进行、真正需求难获取，最终导致了改造成果不尽如人意。

五、工程质量难以保证

在国家政策鼓励下，各地积极开展老旧小区改造项目，城镇老旧小区改造的工程数量与规模逐年上升。由于城镇老旧小区改造项目涉及的相关部门、群体等不确定因素较多，管理难度较大，且非营利性模式下的工程建设导致成本支出较高[113]，工程的设计与施工质量难以保证，直接影响到了城镇老旧小区改造的成果质量。

（一）设计方案不到位

城镇老旧小区施工的设计与方案是老旧小区改造的“指南针”，唯有全面、准确的设计与方案才能保证改造施工的顺利与改造成果的质量。然而，如今的城镇老旧小区改造设计与方案仍有不能尽如人意的地方。

一是施工设计与方案“千篇一律”。如今城镇老旧小区改造已经取得了许多标志性的成果，形成了诸多可借鉴、能复制的改造方案，但是如今新加入改造的老旧小区改造方案大多是仿照之前的、千篇一律的施工方案和效果图纸，并没有实现真正“一区一策”甚至“一楼一策”。对设计方来说，缺乏对老旧小区的实地走访与需求调研，只关注管线、停车位等普遍性的问题，未能针对城镇小区个性化问题进行切中需求、因地制宜的施工设计。从而导致城镇老旧小区改造方案与居民需求偏离、与街区风貌不符、与区域特色背道而驰。

二是施工设计与方案“泛泛而谈”。城镇老旧小区改造是一个系统而复杂的工程，但设计方的设计图纸大多比较空泛，做不到具体、精细，更没有解决老旧小区急、难、愁、盼的针对性方案。这样会导致改造项目开始前没有得到合理的设计与规划，限制了施工单位工作的开展。此外，部分老旧小区存在“边设计、边施工”的现象，缺乏对改造的宏观把控，导致老旧小区改造过程中设计常有变化，不利于保障施工的连续性，也不利于对施工质量进行把控。

三是施工设计与方案“墨守成规”。城镇老旧小区的建设年代久远，大多依照当时的旧规范进行设计与建设，已然不符合新时代的住宅要求。城镇老旧小区的施工与设计方案不能再继续按照原有的旧标准来进行，也不能完全按照新建住宅的标准来执行，需要寻找一个符合标准与规范、适应城镇老旧小区现有条件的“折中点”来进行施工设计。否则，施工后工程仍然不能达到现有规范，影响施工质量。

（二）人员施工不规范

施工人员是城镇老旧小区建筑工程管理的重要组成部分，施工人员的素质、责任心与安全质量意识直接影响着建筑工程的质量和安全。但是在城镇老旧小区改造的施工中，仍然存在人员施工不规范的问题。

一是施工人员素质较差。城镇老旧小区改造项目逐年增多，范围逐步扩大，施工单位为了节约工程成本，往往会降低人员审核的流程与标准，在较短的时间内招聘大量的员工。这些员工大多没有足够的专业知识，甚至未能接受系统的岗位技术培训，综合素质较差。且企业也未能按时、有效地对这些人员进行业务培训，未能使其具备符合规范的操作技术，这些施工人员在实际操作中容易出现不规范的现象，直接影响了老旧小区的施工质量。

二是项目人员责任心不足。施工现场是工程管理的核心，施工项目管理的好坏直接影响着工程的质量。但由于项目人员责任心的不足，时常因为老旧小区位置偏远、环境较差，不能做到现场履责、管理、监督，导致现场技术人员配备的数量不符合标准，监理、施工单位现场人员与备案人员不一致[114]，老旧小区改造项目的安全、卫生、材料和人员都不能得到有效管理，增加了城镇老旧小区改造项目的安全隐患与质量风险。

三是项目人员安全与质量意识淡薄。在城镇老旧小区的施工现场，安全问题至关重要，但是许多项目人员缺乏安全意识，安全帽、安全绳的佩戴不符合标准，会给自身和他人带来极大的安全隐患，也对老旧小区的改造项目安全、顺利推进产生了影响。同时，许多项目人员质量意识也十分淡薄，在施工过程中没有完全遵照施工的计划与方案今夕施工，与设计图纸与方案产生出入，导致老旧小区的改造成果与计划、标准不符，违背了城镇老旧小区的质量要求。

（三）施工管理有松懈

在城镇老旧小区改造过程中，施工的规范性和专业性直接关系到工程质量。但城镇老旧小区改造的施工场所与施工内容都具有一定的特殊性，目前面临着施工管理难的问题。

一是施工管理过程不规范。流程管理上看，城镇老旧小区改造更容易在项目准备、实施、验收的各个环节出现诸多质量行为、实体质量、工程技术资料问题，建设工程质量难以保障。进度管理上看，个别老旧小区改造为节约改造成本，盲目“抢工期、抢进度”，不尊重老旧小区改造的客观规律，导致工程质量难以把控。材料管理上看，城镇老旧小区缺乏相适应的材料进场管理制度，出现未检验就使用或检验的同时就使用的违规问题。

二是施工监督管理不健全。首先是监督机制上的缺失，传统的工程质量监督检查方式并不适应城镇老旧小区改造工程的监督和管理需要，部分质量监督机构监管体系不健全、管理不科学，相关规定执行不强，存在监管错位、缺位现象，无法充分发挥监管效能和提高监管效率。此外，部分监督机构对城镇老旧小区的服务意识薄弱，不能主动与老旧小区参与建设单位主动统筹、对接，对于不同的老旧小区与小区居民，不能及时了解改造诉求，因地制宜制定质量监管内容，影响了老旧小区工程质量目标的实现。

三是工程质量追溯难。我国大多地区都缺乏城镇老旧小区改造工程质量的追溯机制，对施工过程，尤其是防水、保温等工程质量的可追溯性不强。且城镇老旧小区改造中涉及的建设、施工、监理、供材的企业及法定代表人大多未能按照当地施工规定签署工程质量终身责任承诺书。再加上城镇老旧小区施工从开工到验收的相关文字、影像资料并没有得到妥善留存，最终导致了城镇老旧小区改造工程质量的难以追溯。

第五节　影响城镇老旧小区改造深入推进的难点

城镇老旧小区改造是城市更新和改善人民居住环境的重要任务，但也是一项长远而艰巨的任务。由于政府的不重视、各地牵头部门的不主动、地方部门配合的不统一、通信运营商不配合等难点，各地城镇老旧小区改造一直难以深入推进。

一、地方政府重视程度不足

城镇老旧小区改造亟须地方政府牵头实施，虽然近年来各地政府对老旧小区改造工作越发重视，但仍然在具体实施过程中存在规划统筹、政策供给、资源整合等问题，地方政府对这些问题的不重视导致了城镇老旧小区改造难以深入推进，无法进一步满足老旧小区居民对改造的需求，从而也降低了地方政府的满意度与公信力。

（一）地区统筹规划缺位

虽然全国对城镇老旧小区数量进行了摸底调查，各地区也制定了老旧小区改造工作实施方案，但这些实施方案大多没有立足于当地整体的城市更新行动，也未对城市更新资源及特征进行梳理，缺少城市更新策略方案、实施方案和宏观指导。由于不同的城市更新项目统筹更新主体不同，在没有全盘规划的情况下，存在着更新时序安排不合理、不科学等问题，更有甚者在市政规划和老旧小区改造规划之间存在冲突。

另一方面，多数地区的城镇老旧小区改造往往以单个小区改造为主，对于相邻小区以及周围区域缺乏系统调研与统一规划，缺少片区联动改造，无法实现系统协调设计。由于政府对全局性、前瞻性思考的不重视，难以统筹区域的基础设施、公共空间、道路交通、产业布局和街区商业等，导致城镇老旧小区改造仅仅解决了小区老化问题，而难以一次性解决所处区域内结构性衰退和功能性衰退等问题。

（二）地方政策法规缺失

首先是地方政策法规的缺失。地方政策虽然与中央政策具有高度的一致性，但中央政策是高屋建瓴的工作指导，各地区政策应依照中央的指示要求根据本地区情况进行安排部署。目前，不仅中央没有颁布城镇老旧小区改造的相关法律文件，各地区也缺乏对本地改造规范、标准的探索。例如，杭州市针对老旧小区改造出台了实施方案和技术指导，但目前杭州市涉及居住区的技术标准、审批流程主要服务于新增住房建设，而针对复杂性的城镇老旧小区改造，在政策法规保障层面仍存在不少空白。

另外，地方政策与人民需求偏离。如今，城镇老旧小区的既有建筑本体、绿化、日照、节能等各方面和新建建筑存在着不少差距，现有的建筑法规难以套用到城镇老旧小区改造实施中。然而各地区针对此类情况，也未形成突破指标，如确定前提条件、可突破的范围和责任界定等政策，难以彻底解决居民需求强烈的改造问题。同时，在各地区政策中，对宜居的衡量指标有所忽略，改善居民生活质量的维度不够全面[115]，背离了“满足居民高品质居住需求”这一目标。

（三）地方政府资源整合不足

城镇老旧小区改造需要大量资源支持，如资金资源、空间资源、文化资源等，这需要统筹主体具备整合资源要素的权限。区域协同更新背景下对于城市资源整合要求更进一步，通过对城市资源的调整、整合和更新，提供创新制度并引入金融支持，引入社会资源，以提升更新项目品质，提高项目风险管控能力，激发城市更新的动力，实现城市的永续利用。

虽然各地区都在尝试引入市场资源，但基本上是小范围、小规模实施，而非在区域内实现综合统筹；在统筹基础设施建设、养老、文化教育、体育等事业发展资金，推动社区惠民项目建设和运营上也有待改善；在利用商业资源推动城镇老旧小区新业态发展上也需提升。一方面这需要统筹主体的引导、实施主体的配合、社会企业的支持，另一方面也涉及跨街道、跨社区、跨小区的利益统筹和协同。

二、各地牵头部门主动权不够

各地区城镇老旧小区改造工作系统而繁杂，涉及部门多、利益群体大、领域广。城镇老旧小区改造在实施过程以政府主导的行政方式推进，一般需要多个政府部门参与，也离不开当地社区、居民和社会组织等多方主体的参与协作，这样才能实现高质量改造的目标。想要达到这样的目标，有一个主要权责单位的牵头尤为重要。

目前，从全国一些典型城市的老旧小区改造实践看，一般由地市层面成立老旧小区改造提升协调小组，由住房和城乡建设、房管或区（市）县政府牵头实施（表3-3）。

表3-3 部分城市老旧小区改造牵头主体

城市	工作管理架构	牵头部门
北京	—	住房和城乡建设部门
杭州	老旧小区综合改造提升协调小组	市城乡建设委员会
上海	旧住房更新改造工作小组	市房屋管理局
广州	市城市更新工作领导小组	市住房和城乡建设局
重庆	市城市提升领导小组	住房和城乡建设委员会
深圳	城镇老旧小区改造工作领导小组	市政府
成都	—	区（市）县政府或指定的老旧院落改造牵头部门
南京	老旧小区改造领导小组	市房产局
厦门	老旧小区改造工作领导小组	市建设区
青岛	老旧住宅小区整治改造和物业管理工作领导小组	区（市）政府
沈阳	老旧小区改造工作领导小组	市房产局
长沙	城镇老旧小区改造工作领导小组	市人居环境局

我国在老旧小区改造中之所以形成这一套组织架构，是因为我国行政组织体系是典型的条块关系，条块管理也是我国地方治理的主要特征。回溯过去各地旧住宅整治改造，一般也是以领导小组的工作方式推进，这是采取一种组织调适策略，注重跨部门之间的信息、技术交流，不仅可以增强科层治理的运动性和资源动员整合能力，也为运动式治理提供了稳定的组织载体[116]，从而实现工作效能大幅度提高。

（一）牵头单位权责不匹配

然而在工作实际推进的过程中，从短期看，城镇老旧小区改造初步实施可以采取这种高执行力，承担临时任务的议事决策模式；但从长期看，我国已经转入存量更新的阶段，这种任务导向的工作模式并非长久之计。

以住房和城乡建设、房管为主的牵头单位，虽然拥有部分事权，但是缺乏必要的人权和财权，与协同单位处于同级单位，在调动各方资源上存在一定的难度，尤其是牵涉到专营单位等工作事项，牵头单位调度权较弱，导致难以达到理想效果，进一步降低了城镇老旧小区改造工作成效；同时城镇老旧小区改造一旦涉及政策突破创新，由住房和城乡建设部门牵头也存在困难，如容积率、建筑密度调整，或者为增设公共配套设施涉及土地房屋功能调整，都需要规资部门着重参与。

2020年9月，武汉市《电视问政：每周面对面》节目曝光，在青山区“三供一业”改造、老旧小区改造、二次供水改造同步进行过程中，出现了“野蛮施工”，反复开挖的情况（图3-60）。事实上，青山区政府召开过工作推进会，也成立了工作专班。有街道每周开一次协调会，前后开了25次会，其中5次邀请了相关委办局的领导来参与协调，都没有推进问题改善。当相关街道找到牵头单位区城建局反映问题时，却被对方回应称牵头有点难。作为行业监管部门的水务局则回应无能为力[117]。

图3-60　武汉电视台《电视问政：每周面对面》节目

（来源:《楚天都市报》）

（二）统筹协调效率低下

从地方实践看，为了能够最大程度降低对居民生活的干扰，城镇老旧小区改造涉及的内容不再仅仅是对建筑本体的改造，还包括管线整治、二次供水、燃气加装、一户一表、加装电梯、公共配套增设、无障碍建设、“一老一小”完善等，以此达到综合改一次，一次改到位的效果。但多个项目同步实施，更需要建立明确的统筹机制，如果缺乏对各方利益的平衡考虑，致使不同的主体仅关注自身任务的完成，而缺乏有效的沟通和合作，即使设置了联合机制，但实践效果还有待提升。

2020年12月，浙江省发布的《关于全面推进城镇老旧小区改造工作的实施意见》提出：“鼓励城镇老旧小区分类开展未来社区试点，探索‘三化九场景’体系落地有效路径”“实现城镇老旧小区‘一次改到位’”。2023年2月，《关于全域推进未来社区建设的指导意见》提出：将城镇老旧小区改造项目优先纳入未来社区创建项目范畴，鼓励城镇老旧小区与未来社区一体化改造建设。

2022年11月，《北京市老旧小区改造工作改革方案》发布，明确提出：“利用大数据平台实现与老旧小区相关的市政专业管线、道路、绿化、‘海绵城市’、‘雪亮工程’等各类改造信息共享，统筹用好各类改造资金、资源，实现以块统条，推进一张图作业、一本账管理，力争一次改到位。”2023年起，北京开始在全市80个老旧小区展开试点，实施“各类管线只改一次”的管线改造新模式。

2021年开始，上海多个区也将加装电梯结合小区旧住房综合改造等民生项目联动实施，对成套改造、“美丽家园”建设的小区同步开展居民征询、同步设计和同步实施，提升小区整体面貌。

多个项目统筹协调一方面能够缩短改造时间，另一方面能够解决反复施工的弊病，但同时如果多个项目牵头单位不一致，或者单个项目进度延缓，难以按照时序实施，则会影响整个老旧小区改造施工进度。在作者调研过程中发现，如老旧小区电梯加装项目，一旦居民意见未统一，则难以和老旧小区改造同步实施，而老旧小区改造完成后，单独楼栋的电梯加装项目推进则变得较为困难。

中国之声曾在“推动各类改造一次到位”政策推行初期，以北京市石景山区作为样本探究老旧小区综合整治统筹改造情况，调查后发现这个更新政策虽然很好，但是在实施中，老旧小区综合改造、管线整治、电梯加装三个项目分别对应三个牵头单位——区住房和城乡建设委、区城管委、电梯公司，在改造时应该先实施管线改造，但由于管线统筹政策提出晚于老旧小区改造实施，且管线统筹需要各个管线单位审批流程、制定方案，再执行改造，管线统筹主管部门需要对此多头管理，审批程序、资金来源、补贴政策差异大，各部门、各公司协调难度较大（图3-61）。

图3-61 北京市石景山区金四区社区老旧小区改造和电梯加装

（来源：中国之声）

（三）强化监管难度大

牵头单位除了需要负责全面掌握城镇老旧小区综合整治的推进情况，还需要负责组织协调、政策拟定、计划编制、督促推进等工作，但牵头单位存在着对老旧小区改造监管不到位的问题。

一是由于缺乏责任意识，没有对城镇老旧小区进行专项检查，期间老旧小区改造质量安全、文明施工、工程进度问题突出，风险防控意识不够；二是缺乏问题导向，没有广泛倾听和采集居民意见，难以精准施策，导致居民满意度低；三是未被赋予考核权，对相关职能单位的监督工作难度较大。

一般而言，各地在城镇老旧小区改造中，由属地纪委监委加大监督检查力度，以确保一次修建整改到位。2023年4月，宜昌市纪委监委曾围绕老旧小区改造开展调查研究，调研发现，当前城镇老旧小区改造存在施工监管不到位、长效管理缺位等问题。针对发现的问题，宜昌市纪委监委及时予以转办并跟踪督导，督促协调解决群众反映的合理问题。2023年4月，兰西县人民政府公布了市委第七专项巡查组对于民生突出问题的反馈意见，针对城镇老旧小区改造，就存在着主管部门监管责任落实不到位。意见指出，城镇老旧小区改造工作领导小组作用发挥不明显，领导小组每年仅召开一次专题会议研究推进老旧小区改造工作；县住房和城乡建设局综合协调推进作用发挥不充分，全县2020—2025年计划完成改造任务120.8万m^2，截至2022年底，完成33.12万m^2改造任务，完成率仅为27.41%[118]。

三、地方部门要求配合不统一

城镇老旧小区改造的总体目标是要改到百姓心坎上，使居民满意，但目前这个工作是由政府发起的“自上而下”改造，依然面临着部署计划性的问题，需要涉及多部门参与，多方位动员。从理想情况而言，实施《国务院办公厅关于全面推进城镇老旧小区改造工作的指导意见》提出的改造内容能够最大程度保障居民生活品质，但从现实情况来看，每个城镇老旧小区情况不一致、居民需求不一致，老旧小区受到空间、资金等多方面限制，需要根据优先级、适应性进行改造，而部分改造内容可能存在着冲突和矛盾，部门条线提出的目标、内容和时序与规划可能不一致，这时候需要平衡多方利益需求，协调多个部门提出的要求。

（一）部门标准规范对老旧小区改造限制多

城镇老旧小区和新建小区不同，部分老旧小区建设时缺乏布局规划，缺乏标准规范，但现在若依照新建小区的建设标准对老旧小区进行改造，势必会遇到限制大、改造难等问题，但若仅仅只是表面的小修小补，则难以彻底解决居民问题。目前很多部门出台的标准规范难以适用于城镇老旧小区改造中，而一些地方也未能及时出台适用于地方的老旧小区改造标准或技术规范，导致老旧小区改造存在着程序过多，专项改造难度大等问题。

如城镇老旧小区普遍缺乏停车位，因此部分老旧小区在停车位增设过程中，除了车位序化，可能需要突破规划，将部分绿化地改建为停车位。这一功能变更需要规划、园林等部门审批，从园林、规划等部门考虑，绿化能够提升小区环境，从城管、交通等部门考虑，适当增加小区停车位，能够缓解小区及周围交通压力，减少违停现象。

如城镇老旧小区高大乔木较多，由于当初树木栽种布局不合理、不规范，部分乔木已经和多层建筑差不多高，造成抢光、引虫、堵塞雨水管道问题，暴风雪等恶劣天气还存在着倒伏风险，同时也挤占了小区的公共空间，影响了消防通道。但从实际操作层面，“城市中的树木，不论其所有权归属，任何单位和个人不得擅自砍伐、移植。确需砍伐、移植的，必须经城市人民政府建设（园林）行政主管部门批准”。由此，移树或者大面积修剪等绿化改造，需要园林部门履行严格的报批手续，材料多、流程长、时间久，会影响老旧小区改造进度，因此面临诸多障碍（图3-62）。

图3-62　老旧小区高大树木影响低层居民和同行

如根据上海规定，即使符合迁移条件，需要提交的申请材料包括：对迁移树木的行政许可事项申请表；迁移树木的情况说明；树木原位置现状照片、迁移地点照片、迁移方案公示（公示时间不少于7天）和征询结果公示（方案经征求范围内占建筑面积2/3以上的业主且占总人数2/3以上的业主同意）、照片等；权属人的意见；苗木清单；树木迁移方案和技术措施等[119]。

如《杭州市城市绿化管理条例》对于修剪树木也有明确的审批流程，浙里办显示，需要包含的申请材料包括：树木确实影响居民生活的照片、树木产权或管理权材料、总平面图或现状地形图、经区绿化管理部门审核同意的《杭州市树木修剪、砍伐申报表》、修剪树木申请报告、修剪的公示内容、公示照片及公示结果等。

而改造内容涉及程序多，对于基层治理能力是一个较大的考验。从作者调研情况看，对于一些涉及主体多、情况复杂的专项改造或者整治内容，如移树、电梯加装、保笼拆除等，一些治理水平较高的社区，在调动居民参与、统一居民意见、材料递交、方案创新等方面则更具有积极性，而一些治理水平相对较弱的社区，则会因为流程复杂，难以统一居民意见继而导致改造项目推不动或者“流产”。

（二）地方部门间缺乏协调配合

2021年12月，住房和城乡建设部等三部门发布《关于进一步明确城镇老旧小区改造工作要求的通知》，提出“市、县应建立政府统筹、条块协作、各部门齐抓共管的专门工作机制，明确工作规则、责任清单和议事规程，形成工作合力”。这也恰恰说明地方部门在条线协作上有待提高。

城镇老旧小区改造作为复杂性工作，由于前期整体规划工作不到位，不严密，且政府部门存在条块分割的情况，每个部门只负责自己的环节，一旦各部门单位间权责不明晰，工作任务分工不明确，就会存在着部门间相互推诿、配合度不高、目标背离等情况；或者发现问题处置程序不明的问题，导致协调工作任务变重，改造工作推进缓慢，也造成了追责问责难的情况。而且，由于相关政策、地方性法规不完善，导致各部门对城镇老旧小区管理无法可依，难以协调。

此外，各地、各部门一些政策制定、出台与城镇老旧小区改造难以完全同步，有些政策出台晚于老旧小区改造，存在着改造方案规划前期不介入，中途插手的情况。这种不可避免的需求变化，会涉及改造过程中实施方案变动，以及其他改造内容的调整，即所谓牵一发而动全身，对规划的某一点的调整，可能带来对全局的变化。或者某些部门需要借老旧小区改造东风完成本部门的工作任务，也会介入其中，这些改造内容是有利的，也是必要的，但是由于城镇老旧小区改造存在着计划性的特点，额外增加的改造内容要在规定改造时间内完成，则会造成赶工期、设计方案和施工质量不佳的现象。

作者曾调研某城镇老旧小区，因小区为响应水务局“零直排”建设的要求，在老旧小区改造雨污分流改造中，污水排放从原来的“自西向东”改为“自东向西”，但由于工期紧张，管道排水口水位未作出调整，改造完成后出现了“污水倒灌”的现象，影响了居民生活。

（三）地方部门与实施主体间目标不一致

城镇老旧小区改造涉及牵头单位和职能部门的协调，但在实施层面，一般由街镇作为实施主体参与其中，由各镇街统筹招标设计、征求意见、施工、监理等所有环节。由于街镇较为熟悉改造小区及其周围规划情况，这种承接方式是较为合理的。但地方部门和街镇也存在着目标不一致的情况，表现为地方部门过度干涉街镇作为实施主体的工作，或者街镇作为基层政府，存在着权责不对等，地方部门又缺乏配合的情况。

如城镇老旧小区的海绵城市建设，通过海绵城市建设，能弹性地适应环境变化和应对自然灾害，有效减少积水内涝，是一种符合生态理念的改造方式。对水务局海绵办而言，小区绿化改造时如能大幅度增加海绵城市建设也有利于城市生态提升，但街镇作为老旧小区改造的实施主体，一般会率先把资金用于居民需求更为迫切的地方，可能存在着对海绵城市理念认识不足，落实不到位的情况。

如针对城镇老旧小区居民对养老托幼设施的迫切需要，不少街镇需要通过闲置土地再利用、国有单位闲置用房让渡等方式，为小区提供配套用房和场地，这一过程中也需要规划、民政等地方部门的协调。因此，地方部门实施工作计划若与老旧小区改造内容有重叠，应该结合规划蓝图开展，而不应以行政手段过度干涉到实施主体统筹协调中。

四、通信运营商配合积极性不高

随着网络的普及，城镇老旧小区网络设备箱加装越来越多，网络通信等弱电线路纵横交错、“密如蛛网”，这些飞线不仅出现在小区道路上方，还分布在小区楼道内部甚至居民家中。这些线路不仅影响着城镇老旧小区的整洁、美观程度，还存在一定的安全隐患。城镇老旧小区弱电改造、“飞线”整治工作一头连着民心、一头连着安全，是城市建设品质提升的重要一环。然而，涉及网络通信设施的单位（如：中国移动、中国联通、中国电信等）“各自为政”，对全国城镇老旧小区改造的配合积极性不高，影响着老旧小区的改造工作的推进以及居民生活的幸福感和满意度（图3-63）。

图3-63　杭州市萧山区黄坡山小区楼道内部弱电线路改造前

（一）改建没有标准

目前，国家对新建住宅小区的通信线路的安装有明确标准，但我国城镇老旧小区大多建设在标准设立之前，对通信线路没有严格的标准与合理的规划。随着通信网络的发展，线路乱拉乱建的现象屡见不鲜。针对这一情况，部分地区的通管局或住房和城乡建设部门有下发过一些管线整治的指导意见或实施指南，但通信运营线路只是其中的一小部分或一条内容，仍然没有一个全国或者全省高度的统一标准来指导老旧小区的通信线路怎么改、如何建，导致改造施工者与通信运营商都无法按照统一的标准执行，进一步影响了老旧小区楼道的综合整治效果。

（二）成果不可持续

我国现有的城镇老旧小区改造在管线整治上已取得了不少成效，主要做法是：楼道外部管线“上改下”，将各运营商实施线路入地改迁；楼道内部管线“三网合一”，将运营商的线缆共建共享，把错综复杂的飞线规整到统一的管线内部。但是在实际操作过程中，仍然会遇到一些问题：一是通信运营商不配合，不愿意在管线修改过程中承担相应的责任与费用；二是通信运营商不维护，在线路修整、新拉线路时不进入管道。这些问题导致了管线改造工作开始晚、改造难，好不容易改造后的管线也难以维持，一段时间后又出现管线乱拉的现象。

（三）操作存在乱象

在通信运营商配合城镇老旧小区改造修改线路的过程中，会因现实条件、利益牵扯等因素产生一些运营商操作的乱象。一是日常使用保障难，在整改过程中，存在中断运营商线路的整改期，这一时间未能提前对居民、用户进行告知，且由于运营商利益牵扯，存在延长整改期限现象，不能保障老旧小区居民及周边用户的日常生产生活需求；二是套餐乱收费，根据《电信条例》:“电信业务经营者在电信服务中，不得以任何方式限定电信用户使用其指定的业务”，但是在线路整改过程中，存在运营商借整改之名将套餐提价、业务捆绑、服务降级等侵权现象。

总之，城镇老旧小区改造工程中，通信运营商具有重要的参与和作用，应该承担更多的社会责任，积极参与到改造工作中去，也应该更加关注居民的利益和权益，尽可能地减少居民的困扰和损失。只有这样，才能更好地推动城镇老旧小区改造工作的顺利进行。

第四章

城镇老旧小区改造的“新通道”

第一节　坚持城市体检先行

城市体检是城市更新工作的前提，也是推进城市高质量发展的重要抓手，在统筹城市规划建设管理、推动解决“城市病”问题、补齐城市建设短板、改善城市人居环境质量等方面发挥着重要作用。随着我国城市化进程的推进，城市的各种问题也逐渐显露，人口密度过高、交通拥堵、公共空间缺乏、老旧小区生活配套设施差等问题明显。城市体检可以挖掘出城市发展中的弱项短板和治理难题，有针对性地提出解决方案和预防措施。

一、城市体检的概念与历程

根据住房和城乡建设部2022年7月4日发布的《住房和城乡建设部关于开展2022年城市体检工作的通知》，城市体检是通过综合评价城市发展建设状况、有针对性制定对策措施，优化城市发展目标、补齐城市建设短板、解决“城市病”问题的一项基础性工作，是实施城市更新行动、统筹城市规划建设管理、推动城市人居环境高质量发展的重要抓手[120]。城市体检工作始终坚持以人民为中心，统筹发展和安全，统筹城市建设发展的经济需要、生活需要、生态需要、安全需要，坚持问题导向、目标导向、结果导向，聚焦城市更新主要目标和重点任务。通过开展城市体检工作，能够建立与实施城市更新行动相适应的城市规划建设管理体制机制和政策体系，进一步促进城市高质量发展。我国的城市体检工作主要有三个发展阶段（图4-1）。

第一阶段：实践探索阶段（2008年以前）

1984年国务院颁布的《城市规划条例》，第二十条要求“城市人民政府应当定期检查城市总体规划的实施情况，每五年向该城市人民代表大会或其常务委员会和批准机关作出报告”，虽未能明确提出“体检”“评估”的概念，也未能有效推广实施，但这是国家层面的法规第一次提出要检查总体规划实施情况。2006年，建设部发布《城市规划编制办法》，第十二条规定“城市人民政府在制定城市总体规划之前，必须对现有城市发展现状及规划、相关专项规划的执行情况进行全面总结”，以期提高城市规划的科学性和严肃性。在此期间，许多城市也开始了城市整体规划、评估的探索，为城市体检的正式提出埋下种子。

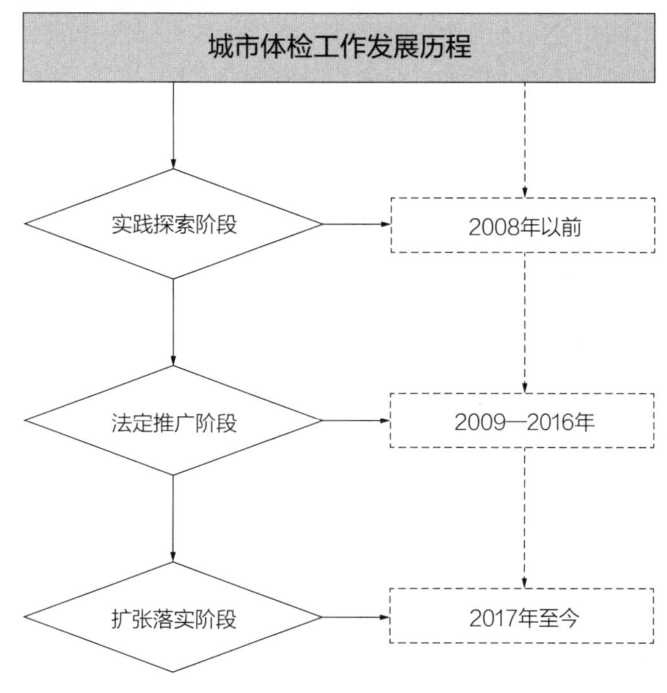

图4-1 城市体检工作发展历程

第二阶段：法定推广阶段（2009—2016年）

在2008年《中华人民共和国城乡规划法》施行后，对规划实施评估进行了法定化，突出了城乡规划的公共政策属性，第四十六条明确指出：“省域城镇体系规划、城市总体规划、镇总体规划的组织编制机关，应当组织有关部门和专家定期对规划实施情况进行评估，并采取论证会、听证会或者其他方式征求公众意见。”2009年，住房和城乡建设部进一步出台《城市总体规划实施评估办法（试行）》，明确了总体规划实施评估的程序和内容，要求“城市总体规划实施情况评估工作，原则上应当每2年进行一次”。由于“各地可以根据本地的实际情况，确定开展评估工作的具体时间”的弹性要求，主动开展城市评估检查的仍然较少，但此时全国范围内的城市评估开始进行，城市体检工作初见萌芽。

第三阶段：扩张落实阶段（2017年至今）

随着我国经济社会发展、城镇化水平的快速提升，城市的高质量发展成为城市规划领域的新要求。2017年2月，习近平总书记在视察北京的规划建设工作时，提出了建立城市体检评估机制[121]。同年9月，住房和城乡建设部发布《住房和城乡建设部关于城市总体规划编制试点的指导意见》（建规〔2017〕199号），提出了“一年一体检、五年一评估”的工作要求。2020年5月，《自然资源部办公厅关于加强国土空间规划监督管理的通知》（自然资办发〔2020〕27号），提出加强规划实施监测预警评估工作，此时城市体检评估机制便由自然资源部开始向各地辐射，要求各地开展城市体检评估并提出改进意见，市县自然资源主管部门要落实向群众公开的制度，省级自然资源主管部门则要履行监督检查的职责。2020年6月，《住房和城乡建设部关于支持开展2020年城市体检工作的函》（建科函〔2020〕92号）提出，要在11个试点的基础上进行扩张，增长至36个样本城市。2021年4月，住房和城乡建设部再次发文部署“城市体检”工作，根据《住房和城乡建设部关于开展2021年城市体检工作的通知》（建科函〔2021〕44号），样本城市数量扩大至59个，其中包括了“直辖市、计划单列市、省会城市和部分设区城市”。

二、城市体检工作的内容

城市体检工作的内容包括生态宜居、健康舒适、安全韧性、交通便捷、风貌特色、整洁有序、多元包容、创新活力八个方面。按照突出重点、群众关切、数据可得的原则，分类细化提出具体指标内容。在城市体检过程中，第三方将根据各城市的不同特点，选取特征性指标进行评估，反映差异化的特性。2022年城市体检指标体系包含8个一级指标、69个二级指标。二级指标比2021年城市体检指标体系多了3个、比2020年城市体检指标体系多了19个，城市体检的内容得到了进一步丰富。城市体检的主要内容（一级指标）具体为以下八个方面（图4-2）。

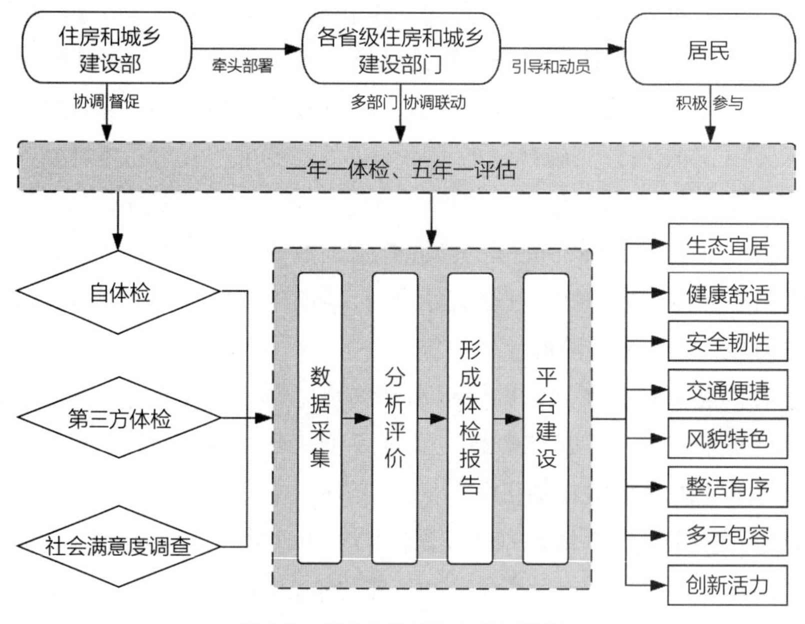

图4-2 城市体检工作内容与流程

（1）生态宜居。反映城市的大气、水、绿地等各类生态环境要素保护情况，城市资源集约节约利用情况。

（2）健康舒适。反映城市社区服务设施、社区管理、社区建设的基本情况，城市居民健身场地设施建设情况。

（3）安全韧性。反映城市应对公共卫生事件、自然灾害、安全事故的风险防御水平和灾后快速恢复能力。

（4）交通便捷。反映城市交通系统整体水平，公共交通的通达性和便利性。

（5）风貌特色。反映城市风貌塑造、城市历史文化传承与创新情况。

（6）整洁有序。反映城市市容环境和综合管理水平等情况。

（7）多元包容。反映城市对老年人、残疾人、低收入人群、外来务工人员等不同人群的包容度。

（8）创新活力。反映城市创新能力和人口、产业活力等情况。

一般来说，城市体检将以“一年一体检、五年一评估”为原则，采取城市自体检、第三方体检和社会满意度调查相结合的方式开展，包含数据采集、分析评价、形成体检报告、平台建设四个工作步骤。在城市体检中，各级各部门要做好组织实施工作，推动形成多部门多层级联动的体检工作机制，加快技术队伍建设，引导和动员居民广泛参与，形成工作合力。

三、如何做好城市体检工作

（一）高位推动，系统推进

一是成立城市体检工作领导小组，统筹各个部门，协同推进城市体检工作。例如，安徽省亳州市城市体检工作由市政府担任组长，市直单位组成成员，下设小组办公室，并且办公室设在市住房和城乡建设局，市住房和城乡建设局局长兼任办公室主任[122]。同时，为了城市体检工作的高效开展，应为小组成员和技术团队提供便捷办公场地。

二是制定城市体检工作方案，落实国家要求，明确指标体系。各地区应先对本地区的城市发展进行了解与评估，根据国家、省、市的城市体检实施方案与指标体系，结合本地区城建、环境、文化、交通等情况因地制宜地提出本地区的计划与方案，设计符合本地区发展特色的评价指标体系，以反映真实、科学、创新的城市建设情况。

三是加强沟通，协调推进。要利用好各个部门的资源，调动政府文件、网络平台、线上数据、城市遥感等手段，确保体检数据的真实、准确。根据自身情况，采取“自上而下”或“自下而上”的方法，在加强城市体检工作宣传、落实的同时，实现多元主体共同参与，提高公众参与度。同时，根据对城市“病灶”的诊断结果，系统梳理城市建设存在的问题，进一步推动城市更新事业的发展（图4-3）。

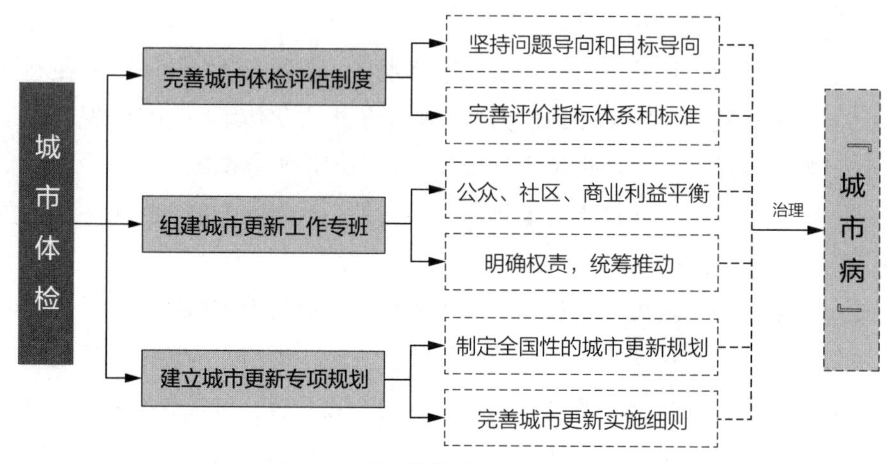

图4-3　城市体检治理“城市病”

（二）机制迭代，指标更新

近年来，城市体检指标每年都会有所更新，如今的指标体系可谓是包含了群众生产生活的方方面面。根据《住房和城乡建设部关于开展2022年城市体检工作的通知》（建科〔2022〕54号），城市体检指标体系指标已从最初的设定增加到了69个，相较于之前的城市体检，本次迭代后的城市体检指标更贴合群众的生活，更能聚焦群众有获得感的事项。

此外，依照住房和城乡建设部的要求，各地对当地的城市体检机制与指标也做了相应的调整，以适应当地的城市发展情况。如浙江省安吉县依照自身情况删除了原有指标体系中有关“轨道交通”的内容，增加了“绿水青山”为特色的五项指标，测定内容包含自行车道密度、河岸慢行未贯通长度、消除地下市政基础设施隐患点数量、林荫路覆盖率、公厕配置密度、再生水利用率等。

指标的可行性与可操作性往往要落到基层实践才能验证，群众和基层工作人员的意见最为重要，在指标设置过程中，基层人员要设计问卷、四处走访，发现需求与问题，思考解决问题的办法，并由社区、街道、市建委一层层落实。如浙江省宁波市设置了22项具有当地特色的指标，其中“微型消防站”相关指标就是基层工作人员走遍宁波试点小区调研出的“城市病”。

（三）体检＋更新，一体化推进

根据住房和城乡建设部的通知要求：“建立城市体检机制，将城市体检作为城市更新的前提”，可见，城市体检工作是城市治理体系和治理能力现代化提升的重要抓手，是完成好“城市体检—问题反馈—决策调整—持续改进”的闭环式管理的前置任务，是城市更新工作的重要一环。

首先，要积极开展试点工作，探索优质经验。2023年6月，住房和城乡建设部科技司选择天津、重庆、成都、宁波等10个城市开展试点工作，聚焦完善城市体检指标体系、创新城市体检方式方法、强化城市体检成果应用等核心任务，为其他地区城市体检工作提供可复制、可推广经验。

其次，要“边检边改”。城市体检与城市更新工作是不可分割的一体两面，应综合一体化推进，使得城市体检成果真正转化为“补短板、强弱项”的城市更新行动。通过城市体检发现城市发展问题，再通过城市更新统筹解决，从而明确更新目的、节约建设成本。

四、城市体检对城镇老旧小区改造的重要性

（一）提供“导向性”

城镇老旧小区改造是提升老百姓获得感的重要举措，也是实施城市更新行动的重要内容，而城市体检是城市更新的“指挥棒”。2023年7月，住房和城乡建设部印发《关于扎实有序推进城市更新工作的通知》，明确要坚持城市体检先行，将城市体检作为城市更新的前提[123]。全面的城市体检报告能够反映城市建设中存在的问题，也能反映老旧小区改造中小区居民的需求，从而为老旧小区改造提供改造的导向。要把城市“体检＋更新”紧密融合，以体检报告为标准，将体检发现的问题作为城市更新的重点，以问题为导向推动体检工作与更新工作深度融合。

（二）加大“改造力”

《关于扎实有序推进城市更新工作的通知》强调，要发挥城市更新规划统筹作用，依据城市体检结果，编制城市更新专项规划和年度实施计划[123]。以城市体检报告为标准推进老旧小区改造的“先体检后更新”能够大大提高老旧小区改造效率，节约老旧小区改造成本。在城市体检中能够获得老旧小区改造问题，如停车位不足、小区道路、地下管网的数据，形成老旧小区基础类、完善类、提

升类推进举措，一次性对这些问题进行改造，避免重复开挖最终达到“综合改一次”。

（三）提升“亲和力”

老旧小区改造是提升老百姓获得感的重要工作，与民生福祉紧密相连。城市体检是“民生体检”，在城市体检工作中，指标是老百姓定的，在城市体检工作中贯彻的多主体参与、民主参与理念，使得体检报告更能知道老百姓的需求。如河北省唐山市建立“城市社区小区级体检+居民主观满意度调查结果指导城市社区更新”的工作机制；重庆市在街道层级建立“市民医生”机制，请市民当“医生”为城市“体检”，参与到城市建设过程中。借助城市体检的力量，能够贯彻老旧小区改造“以居民为主体”的改造要求，倾听老旧小区居民所思所想，真正将改造做到群众心坎上。

第二节　实行城市更新再规划

我国城镇化进程已经进入中后期，城市发展面临新形势、新任务，城市更新步入常态化，城镇老旧小区改造工作也面临着新要求。基于新阶段的城市建设特征和人民群众新需求，亟须探索高水平城市更新的新路径。

一、城市更新再规划的概念与内容

城市更新再规划是指在国土空间规划基础上，以建设部门为核心，依托某一个建设物或建设区域范围，推进城镇老旧小区改造提升，以满足居民美好生活需要、提高城市的整体形象和品质、促进经济发展和社会进步的城市再规划。在这个过程中，政府、开发商、居民等各方需要共同参与和合作，确保规划的实施能够符合城市的发展需求，主要包括空间布局、功能结构、公共服务、文化内涵、产业发展、生态织补等方面内容，更加关注城市整体空间规划、资源均衡配置等，以提升城市的整体品质和竞争力。

（一）空间布局规划

根据城市发展战略需要，结合城市发展定位、产业发展方向及地域文化传统，在体制机制、政策制度等方面完善顶层设计，因地制宜落实空间总体规划要求，提高规划的战略性、科学性和可持续性。同时，以产业空间、文化空间、交通空间、生态空间等空间更新为重点，带动城市整体更新，包括优化城市交通网络、绿地系统、建筑布局、景观特色等，探索出台因地制宜的城市更新配套政策，实现扩容提质。

（二）功能结构调整

按照集约节约、开放共享的原则，调整城市功能结构，优化城市的产业布局、商业中心、居住区等，以提升城市的功能性和适应性。如，引导产业转型升级，发展新兴产业和高科技产业，提高城市经济竞争力；优化商业中心布局，提供更多的购物、娱乐和文化设施，提升城市商业吸引力；改善居住区的环境和配套设施，提高居民居住舒适度和便利性。加强区域之间、城市群之间、城乡之间设施共建共享，提升重点城市群都市圈的城市基础设施网络密度和质量，推进跨区域基础设施互联互通。

（三）公共服务完善

从人民群众实际生活需求出发，以问题为导向，特别是健康老龄化等新需求，提升城市的公共服务设施，改善居民的生活条件和社会福利，助力资源高效配置与城市发展红利公平保障的平衡。例如，增加医疗机构和教育机构等，提高优质公共服务覆盖率；改善水、电、气等基础设施，保障城市基础性生产服务设施水平；建设社区设施，如社区中心、图书馆、体育场馆等，提供更多的社交和娱乐场所。推动普惠性公共服务市场化、多元化、优质化发展，实现公共配套设施以社区为基础，并结合服务半径全覆盖的合理布局；加快新一代信息通信基础设施建设，健全无障碍体系。

（四）丰富文化内涵

通过绣花功夫精雕细琢，对保护城市历史遗产等物质载体，尽可能实现原样恢复，消除历史建筑安全隐患，提升街区的整体环境，改变城市形象，确保历史要素不流失。首先，在更新过程中要实现历史文化遗产与当代生活相融，保留原有的社会文化结构和社区生活网络，确保历史文化的真实性和完整性。其次，城市更新中应注重以市民需求为导向，利用闲置空间、废弃厂房、国有用地等，合理改造和开发具有多重功能、特色鲜明的公共文化空间，重新构建公共文化空间结构，打造“15min文化生活圈”。最后，要打造文旅消费新场景。全面整合并盘活历史遗迹、文化旅游资源，将文化特色融入场景营造、空间设计和业态创新中，推进城市更新和文旅产业协同发展，不断迭代文旅业态，打造新型消费场景，既满足本地居民休闲娱乐需要，又满足游客的体验性和特色化需求，从而展现城市独特魅力，带动老城区商业消费升级，焕发新的生机。

（五）重塑产业结构

首先，以盘活低效空间为路径，促进城市空间转换升级与产业提质增效紧密结合，对于城市大量的闲置工业用地进行开发再利用，提高土地利用效率，一方面通过土地功能置换，为市民提供更多公共空间和服务，优先考虑增设基础设施、市政设施、公益事业等公共设施建设用地；另一方面对城市产业实现优存劣汰，通过城市更新倒逼产业转型升级。其次，构建高附加值产业集群。通过土地连片集约，让低效用地释放高产能量，形成更加精准的招商策略，发展新兴产业，实现新旧动能转换，为吸引高端产业项目预留空间、增加服务配套，加快形成龙头引领、链群互动的产业集群发展格局，进一步带动区域活力。最后，推动“产—城—人”融合。城市更新通过改善城市的环境和基础设施，推动产业更新，实现人才聚集，激活城市内在的发展潜力，促进城市经济的繁荣。

二、新型城镇社区规划与城市更新再规划的区别和联系

社区规划（Community Planning）是社区治理主体以社区物理空间为载体，对人口、建筑、公共设施、环境生态等资源要素的系统性安排[124]。社区规划是为了有效地利用社区资源，合理配置生产力和城乡居民点，提高社会经济效益，保持良好的生态环境，促进社区开发与建设，从而制定的较为全面的发展计划。

2012年12月中央经济工作会议上“新型城镇化道路”的提出，标志着我国城镇化发展的方针、政策已发生转变。随着新型城镇化战略的提出以及我国城镇化发展进入转型提升期，中国特色新型城镇化道路强调以人为核心，更加重视城镇化质量，强调适度和健康的城镇化发展速度，其目标指向城乡统筹、城乡一体、产城互动、节约集约、生态宜居、和谐发展为基本特征的城镇化。

2022年6月，国家发展改革委印发《“十四五”新型城镇化实施方案》，明确指出：城镇化是现代化的必由之路，是我国最大的需求潜力所在，对推动经济社会平稳健康发展、构建新发展格局、促进共同富裕都具有重要意义。坚持人民城市人民建、人民城市为人民，要顺应城市发展新趋势，建设宜居、韧性、创新、智慧、绿色、人文城市，打造高品质生活空间，不断满足人民日益增长的美好生活需要。

（一）新型城镇社区规划与城市更新再规划的区别

1. 规划不同

新型城镇社区规划主要关注于打造宜居、宜业、宜游的社区，提高居民生活质量和幸福感；而城市更新再规划主要关注于改善老旧城区的基础设施、环境和功能等，提升城市整体竞争力和可持续发展能力，致力于打造宜居、韧性、智慧城市。

2. 方法不同

新型城镇社区规划注重整体规划和设计，强调社区的人文环境和社会互动；而城市更新再规划更注重技术手段和政策措施，包括拆迁、改建、重建等方式，改善城市的基础设施和功能。

（二）新型城镇社区规划与城市更新再规划的联系

1. 发展目标相互融合

新型城镇社区规划与城市更新再规划有着密切的联系。无论是新型城镇社区规划还是城市更新再规划，都是为了提升城市的整体品质和居民的生活质量。

2. 影响范围相互关联

新型城镇社区规划的实施可能需要借助城市更新再规划来改善老旧城区的基础设施和环境，以满足新社区的需求；而城市更新再规划的实施也可以借鉴新型城镇社区规划的理念和经验，将其应用于城市的更新和改造过程中，提升城市更新的质量和效果，以打造更加宜居、韧性、智慧的城市环境。

3. 统筹规划相互衔接

新型城镇社区规划和城市更新再规划都需要进行综合规划，考虑城市的整体发展方向、人口分布、交通布局、绿化环境等因素，以实现城市的可持续发展和社区的可持续发展。

三、新型城镇社区规划与城镇老旧小区改造的关系

新型城镇社区规划与城镇老旧小区改造之间存在着密切的联系。随着城市化进程的加快和人口的不断增长，城镇老旧小区面临诸多问题，如基础设施老化、环境污染、居住条件差等。为了改善居住环境和提升居民生活质量，需要进行老旧小区改造。新型城镇社区规划在城市发展过程中，应根据城市发展需要并结合居需求，对城市社区进行规划和建设，以实现城市可持续发展，提升居民幸福感。

（一）新型城镇社区规划为城镇老旧小区改造提供了理论和方法支持

新型城镇社区规划注重以人为本，强调居民参与和社区自治，以满足居民的多样化需求。在老旧小区改造中，可以借鉴新型城镇社区规划的理念，通过调研居民需求、制定规划方案、推动社区参与等方式，实现改造的科学性和可行性。

（二）新型城镇社区规划为城镇老旧小区改造提供了发展方向

新型城镇社区规划强调城市的功能多样性和社区的综合性发展，注重提供居住、工作、教育、医疗、文化等多元服务设施建设。在老旧小区改造中，可以借鉴新型城镇社区规划的思路，通过增加公共设施、改善交通条件、提升环境质量等方式，使老旧小区更好地满足居民的生活需求。老旧小区需要资源共享、共建共治，进行跨社区改造，形成连片效应，这更需要新型城镇社区规划的顶设计。

（三）新型城镇社区规划和城镇老旧小区改造相互促进和补充

新型城镇社区规划可以通过对城市整体规划和发展的引导，为老旧小区改造提供更多的资源和支持；而老旧小区改造则可以为新型城镇社区规划提供实践经验和示范效果，为其他社区的规划和建设提供借鉴和参考。政府在推动新型城镇社区规划的同时，通过出台相关政策和措施，支持老旧小区改造。例如，提供改造资金、减免税费、简化手续等，以鼓励和引导社区居民和开发商参与改造工作。同时，新型城镇社区规划也会将老旧小区改造纳入规划范围，将其作为城市更新和改善居住环境的重点项目。

四、城市更新再规划与城镇老旧小区改造的关系

随着当前我国城市建设正逐步从增量提升转向存量更新，城市发展目标正逐步从重建设向重管理转型，我国进入城市更新关键期，城市更新再规划与城镇老旧小区改造的关系越来越密切。城镇老旧小区改造是城市更新再规划的重要方面，也是城市更新再规划中的一项具体实践。城市更新再规划是指对城市中老旧、落后的区域进行整体性的改造和提升，以提高城市的整体品质和居住环境。而老旧小区改造则是城市更新再规划的具体实施措施之一，主要针对城市中老旧小区进行改造和提升。

城市更新再规划的目标是通过改造和提升老旧区域，改善城市的居住环境、基础设施、公共服务等，提高居民的生活质量。而老旧小区改造则是城市更新再

规划的具体实施手段，通过对老旧小区的改造，可以改善小区的居住条件，提升小区的环境质量，增加公共设施和服务设施，提高居民的生活品质。

（一）规划支持层面

城市更新再规划需要对整个城市的发展进行统筹规划，确定改造的重点区域和目标。而老旧小区改造则是城市更新再规划的具体实施项目之一，需要在整体规划的基础上进行具体的改造方案设计和实施。城市更新再规划应与相关专项行动相结合，将城镇老旧小区改造与完整社区、现代居住社区建设等结合、联动推进。

（二）资金支持层面

城市更新再规划需要大量的资金支持，城镇老旧小区改造作为城市更新再规划的一部分，也需要相应的资金投入。城市更新再规划可以为老旧小区改造提供资金支持和政策保障，促进老旧小区改造的顺利进行。

政府层面，通过积极争取中央预算内投资、保障性安居工程等国家及省级补助资金，结合城市更新、老旧街区等片区改造，打包老旧小区改造项目扩大资金，利用政策性金融工具进行融资，支持银行业金融机构通过专项授信、银团贷款等方式参与城镇社区建设，拓宽融资渠道。

市场层面，通过创新社会资本参与的方式，给予社会资本准入优待，鼓励社会资本通过股权流转机制、资产证券化、在公开市场直接债务融资或权益融资等方式参与老旧小区等城市更新实施项目的投建运营，优化融资成本，提升资本流动性。

居民层面，通过带动居民出资积极性，拓宽居民分摊的资金来源。可包含居民自有资金、公积金贷款、提取物业专项维修资金、转让公共经营收益、小区公共停车和广告收益等，鼓励以“先享受后付费”的形式引导居民实现服务付费。

（三）政策支持层面

城市更新再规划通常伴随着相关的政策支持，包括土地政策、产权政策、税收政策等。这些政策可以为城镇老旧小区改造提供支持和保障，为改造提供便利条件。同时，与城市体检相结合，强化城市体检评估与城镇老旧小区改造项目的联动传导，形成“专项体检—发现问题—更新改造”的闭环管理机制；与房屋安全制度相结合，结合城镇老旧小区改造，开展房屋养老金和房屋安全保险等城镇房屋安全管理三项制度工作，建立“全覆盖、保安全、守底线、可实施”的城镇老旧小区房屋定期体检制度和长效机制。

第三节　赓续城市历史文脉

历史文化是城市生命的重要组成部分，蕴含着城市的气质和精神，是城市文脉的体现和延续。目前，我国许多城市仍然保留着在不同历史时期形成的，或有形或无形的文化遗产，成为各地独特的记忆和标识。随着文化经济时代的到来，文化发展越来越成为提升城市吸引力和竞争力的重心之一，妥善保护与利用历史文化、延续城市历史文脉、实现城市文化复兴已然成为全球普遍重视的课题。

一、历史文化是城市的记忆和灵魂

近年来，国家和相关部委发布助推城市更新重要文件的同时，十分强调历史文化保护的重要性。2021年9月，中共中央办公厅、国务院办公厅印发《关于在城乡建设中加强历史文化保护传承的意见》，提到在城乡建设中系统保护、利用、传承好历史文化遗产，对延续历史文脉、推动城乡建设高质量发展、坚定文化自信、建设社会主义文化强国具有重要意义；在城乡建设中加强历史文化保护传承，要做到空间全覆盖、要素全囊括，既要保护单体建筑，也要保护街巷街区、城镇格局，还要保护好历史地段、自然景观、人文环境和非物质文化遗产。2023年7月，住房和城乡建设部《关于扎实有序推进城市更新工作的通知》再次明确城市更新底线要求，要加强历史文化保护传承，不随意改老地名，不破坏老城区传统格局和街巷肌理，不随意迁移、拆除历史建筑和具有保护价值的老建筑。可见，保护好历史文化遗产已然成为城市更新行动的重要任务。

19世纪英国思想家约翰·罗斯金[125]在其建筑史巨作《建筑的七盏明灯》中写道：“没有建筑，我们就会失去记忆。”梁思成先生写道：“建筑是历史的载体，建筑文化是历史文化的重要组成部分，它寄托着人类对自身历史的追忆和情感。”吴良镛先生也曾说道：“每一个民族的文化复兴，都是从总结自己的遗产开始的。”如今，历史建筑保护的观念深入人心，越来越多的人认识到历史文化保护的重要性与价值。

二、历史建筑的保护和利用

截至2022年，我国共有国家历史文化名城140座、中国历史文化名镇312个、中国历史文化名村487个、中国传统村落6819个，划定历史文化街区1200余片，确定历史建筑5.95万处，成为传承中华优秀传统文化最综合、最完整、最系统的载体。

其中，历史建筑是城市发展演变历程中留存下来的、能够反映历史风貌和地方特色的重要历史载体。这些历史建筑未公布为文物保护单位，也未登记为不可移动文物的建筑物、构筑物，加强对这些历史建筑的保护和合理利用，有利于留住城市的建筑风格和文化特色，这是践行新发展理念、树立文化自信的一项重要工作[126]。

历史建筑的保护和利用，是城市转型的内在需求，不单纯指向物质环境和空间功能的更新，还关乎历史文脉和精神文化的延续，与城市经济、城市环境、城市活力、城市文化等多个方面存在紧密的联系。作者认为可以将其粗略地分为显性层面和隐形层面。显性层面主要包括对建筑自身结构、风貌、装饰等的保护，以及对其周边空间、标识等环境要素的保护。隐形层面主要指对与其相关的历史事件、名人事迹等非物质文化信息，以及对其风貌特征、历史功能的延续等。因此，历史建筑保护应跳出“文物保护”的单一概念，在空间上不受限于“一幢”“一个”的单体，而应拓展至“片区”“街区”的区域。

对历史建筑进行有意识的保护源自西方。西方国家在经历了不同时期、不同流派的发展中逐渐形成了一系列成熟的思想理论体系。如英国作为世界上最早开展建筑遗产保护的国家之一，其建筑保护法的发展走过了一条从单一保护转向整体保护、文物保护转向城市保护的道路。英国于1882年拟定《历史纪念物保护条例》，于1944年颁布《城乡规划条例》，是较早实行文物建筑登录制度的国家。1947年英国《城乡规划法》的出台，标志了英国现代城镇规划体制的构建。此外，社会各界均纷纷开始关注城市保护。1865年，英国成立第一个民间保护组织“文物保护共同会”。1877年，英国著名思想家、建筑师威廉·莫里斯创立的“古建筑保护协会”，以及1953年成立的“英格兰历史建筑委员会”，均为当时的政府决策提供了重要支撑。又如法国早在1849年就颁布了《历史性建筑法案》，成为世界上第一部现代性历史文化建筑保护法。此后，法国于1887年颁布的《纪念物保护法》、1913年颁布的《历史古迹法》、1943年颁布的《历史性建筑环境保护法》、1973年颁布的《城市规划法》，构成了法国历史文化建筑保护的法律基础。法国国家机构作用突出，早在1790年，法国制宪会议专门设立古迹委员会，负责历史文化建筑的保护。1996年又成立法国文化遗产基金会，以专门维护登记在册但未定级的地方文化古迹。法国历史建筑保护还得益于高度的历史文化教育和科研水平，全国共有近20000家各类民间社团参与历史遗产保护工作，法国高校也致力于培养文化遗产方面的专业人才。

我国自1961年颁布《文物保护暂行条例》起，真正意义上进入了历史建筑的保护阶段。此后，《中华人民共和国文化保护法》《历史文化名城保护规划规范》等相关法律法规的颁布，标志了我国实现了由“点”到“面”的保护模式，逐步建立起了从单体建筑到历史街区，再到历史文化名城等多层级的历史建筑保护体系。他山之石，可以攻玉，从国际视野来看，西方国家在建立完善的历史建筑保护法律体系、发挥政府主导作用以及民间参与等方面均形成了广泛而成熟的经验，为我国做好城市历史文化建筑的保护与利用工作提供了较高的学习借鉴价值。

（一）历史建筑确定标准[127]

具备下列条件之一，未公布为文物保护单位，也未登记为不可移动文物的居住、公共、工业、农业等各类建筑物、构筑物，可以确定为历史建筑：

1. 具有突出的历史文化价值

（1）能够体现其所在城镇古代悠久历史、近现代变革发展、中国共产党诞生与发展、新中国建设发展、改革开放伟大进程等某一特定时期的建设成就。

（2）与重要历史事件、历史名人相关联，具有纪念、教育等历史文化意义。

（3）体现了传统文化、民族特色、地域特征或时代风格。

2. 具有较高的建筑艺术特征

（1）代表一定时期建筑设计风格。

（2）建筑样式或细部具有一定的艺术特色。

（3）著名建筑师的代表作品。

3. 具有一定的科学文化价值

（1）建筑材料、结构、施工工艺代表了一定时期的建造科学与技术。

（2）代表了传统建造技艺的传承。

（3）在一定地域内具有标志性或象征性，具有群体心理认同感。

4. 具有其他价值特色

（二）历史建筑保护和利用的原则

习近平总书记指出，城市规划和建设要高度重视历史文化保护，不急功近利，不大拆大建。要突出地方特色，注重人居环境改善，更多采用微改造这种“绣花”功夫，注重文明传承、文化延续，让城市留下记忆，让人们记住乡愁。历史建筑保护应遵循保护优先、循序渐进、可持续发展的原则。

1. 保护优先原则

对于历史建筑应以保护为前提，做好确定、挂牌和建档的普查工作，摸清家底，多保留不同时期和不同类型的历史建筑，做到应保尽保。严禁随意拆除和破坏已确定为历史建筑的老房子、近现代建筑和工业遗产，不拆真遗存，不建假古董。历史建筑的保护措施一般包括日常保养、维护和修缮、应急抢险等，保证历史建筑的结构、材料和造型的历史真实性，避免环境破坏、防止自然灾害和人为破坏等，做到系统性保护。

2. 循序渐进原则

历史建筑在宏观层面是一个动态流变的概念，在不突破保护底线的前提下，可以采取“微循环”循序渐进式的改造模式，对历史建筑及其保护范围内其他建筑进行更新利用，赋予历史建筑新的功能价值和时代意义。允许历史建筑用途转换，转换后功能应符合历史建筑的价值特征，且不得对历史建筑的保护产生不利影响，最大限度地保护真实的历史信息。通过更新利用，历史建筑可以成为学习交流、教育普及、文化展示、社会服务等多个领域的载体。

3. 可持续发展原则

历史建筑的保护和利用应与城市的可持续发展相结合，综合考虑建筑的功能变化和社会需求的转变，允许适度改造和利用，兼顾社会、经济、环境、文化等方面，形成相互协调、支撑的良性发展，赋予历史建筑以“新生”，从传统的“静态保护”转向利于实现可持续目标的“动态再生”。

（三）历史建筑保护和利用的价值

历史建筑是中华优秀传统文化的重要实物载体，对历史建筑的保护和利用不仅是保护物质形式，也是延续其历史价值、社会价值、文化价值、情感价值的过程。

1. 历史价值：是历史建筑有别于其他建筑的本质特征

历史建筑区别于其他建筑的本质，在于其承载的时代背景、社会制度、文化习俗等一系列从过去流传下来的历史信息，这些历史信息具有重大的历史和考古价值，一旦遭到篡改或者消失，一定程度上意味着历史建筑存在价值的消亡。

2. 社会价值：是城市高质量发展、为人民创造美好生活的迫切需要

历史建筑是历史文化的重要物质载体，且大多与重要的历史事件、人物或社会活动息息相关。因此，保护历史文化建筑，是城市高质量发展、为人民创造美好生活的迫切需要。保护好才能利用好，才能让传统和现代融合发展，让历史文化和现代生活融为一体。

3. 文化价值：是城乡深厚历史底蕴和特色风貌的体现

历史建筑与地域性文化特色密不可分，各个地区的地域风俗、自然环境与建筑风格各具特色，当地居民信仰、生活方式、价值观念也不尽相同。这些自然人文景观与历史文化民俗的独特关系，代表了一个时代的建筑风格、技术水平和审美观念，形成了各具地方特色的建筑群体，构成了个性化的城市意象，具有不可再生的文化价值。

4. 情感价值：是人民群众个体“归属感”的文化认同

历史建筑能满足人们的情感需求，且具有特定的或普遍性的精神象征意义，包括文化认同感、个体记忆等。个体记忆凝结形成集体记忆，逐渐演变成为城市记忆得以传承、延续，具有超越物质和感官层面的内涵。

（四）历史建筑保护和利用的对策

1. 完善历史建筑保护体制机制

我国已有许多地区针对历史建筑开展了法律法规制度的相关研究，各地也相继颁布实施了相关名录与保护条例，如上海、天津等城市已出台相关保护条例；杭州、重庆、青岛等城市以保护管理实施办法的形式公布了相关细则；广东、湖北等地印发了关于加强历史建筑保护意见的通知。不同省份、城市关于保护对象的价值、认定、方法均各有侧重，然而整体上还远未形成完善的法律体系。

一是出台关于历史建筑保护的规范性文件。当前，我国大部分省份关于历史建筑保护的文件制定还处于探索阶段，大量“非文保单位”的历史建筑缺乏普查认定等一系列保护措施，亟须立法进行规范与指引。各地应结合自身实际，出台历史建筑保护的规范性文件，加强历史建筑的认定和管理工作。在“谁来保护”的问题上，明晰市、区（县）人民政府及部门、镇街及保护责任人等各方权责，形成保护合力；在“怎么保护”的问题上，开展历史建筑普查认定、建立保护档案、制定修缮计划，组织实施修缮工作，建立安全监测等制度。

二是建立健全历史建筑监督检查制度。制定历史建筑保护和利用的监督检查标准，明确历史建筑的保护要求和利用限制，包括建筑结构安全、文物保护、环境保护等方面的要求，确保历史建筑的保护和利用符合相关法律法规和规范。此外，建立历史建筑保护动态监测平台，加强地方政府关于历史建筑遗产保护工作的日常监督和执法力度。

三是设立历史建筑保护专家委员会。充分借鉴上海市、厦门市等地成熟经验，各城市可以通过设立专家委员会，推进历史建筑普查认定、档案建立、政策制定、技术完善、活化利用、交流互鉴、公众参与等一系列工作。

2. 鼓励公众多渠道参与

目前，公众参与历史建筑保护的渠道主要涉及满意度问卷调查、成果公示监督等方面，在历史建筑保护实施的其他环节由于其过程的独立性与专业性等现实原因，公众参与渠道涉及面较为单一。

一是加强普及型教育。通过定期举办公开讲座、展览活动，让公众有渠道、有机会深入了解城市历史建筑、文化资源的价值，提升公众文化素养和文化认同感，有助于调动公众参与的积极性。在国民教育方面，可借鉴西方国家对于历史保护方面的做法，例如在各级学校开设相关历史文化保护课程、历史建筑各个领域的选修课程，提高历史建筑保护领域的研究实力。针对青少年群体，可以通过举办暑假培训班、儿童夏令营等研学活动，培养少年儿童对于历史建筑保护的兴趣。

二是完善社会监督机制。历史建筑保护与利用的过程应该是透明且受社会监督的，政府有关部门应对历史建筑的保护力度和情况进行政府工作信息公开，并通过创新监督方式，使全社会公众对其保护与利用工作进行有效监督。

三是拓宽社会资本参与。社会资本可通过与政府合作、社会公益基金、全额出资等方式，参与建筑本体保护修缮、文创产品开发等保护利用形式。鼓励社会资本积极参与历史建筑的经营和管理，开设博物馆、陈列馆、艺术馆等公共文化场所，或利用建筑开办客栈、茶社等旅游休闲服务场所，为社区服务、文化展示、参观旅游和文创产品开发等提供多样化的服务，更好地满足人民群众的精神文化需求。

3. 创新历史建筑智能管理模式

《国家文物局2021年工作要点》第十三条指出，加强文物科技创新和行业标准化建设。随着信息时代的到来，物联网、云计算等新一代信息技术的革新大大改变了以往依靠管理者经验的决策方法，赋予了公共决策新的认知和手段。我国现有的行业及地方标准正在不断优化完善，如杭州市、广州市等地在历史建筑数字化技术应用方面都有探索性的成果。在信息化高速发展的新时代背景下，利用科技手段创新历史建筑智能管理模式，有利于解决历史遗产保护面临的方法桎梏。

一是构建历史建筑数字建档技术体系。历史建筑数字档案建设是指利用数字化技术进行数据采集、数据处理，并建立数字档案的工作过程，能够在建筑的全生命周期中起到动态维护、管理应用的作用。例如杭州市建德市通过数字赋能，建立了历史建筑全面数字化三维档案，为后续保护、修缮、宣传教育等工作的实施提供了基础档案，为管理部门的监管决策提供了可靠依据。各地区应因地制宜，结合自身城市发展水平，以及历史建筑资源保存情况制定具体的历史建筑数字档案工作方案。

二是打造与国土空间规划管控互通的历史建筑数字化管理平台。利用物联网、云计算、人工智能、数字孪生等数字化技术，实现系统与数据的融合，有利于强化管理制度，减少数据和信息重复收集等冗余工作。

三是开展数字素养与技能提升活动，组织政府及其相关部门、街道、社区基层工作人员等学习数字化办公、网络信息安全等相关技能知识，解决过去信息触达难、数据收集慢、解决时间久等问题，提高相关工作人员的工作效率。

三、彰显和擦亮城市特色文化品牌

习近平总书记曾在文化传承发展座谈会上指出，只有全面深入了解中华文明的历史，才能更有效地推动中华优秀传统文化创造性转化、创新性发展，更有力地推进中国特色社会主义文化建设，建设中华民族现代文明。

（一）深挖文化底蕴，延续城市文脉

每座城市因其独特的历史与文化底蕴，在传承与演进的过程中构筑起了这座城市特有的“城市文脉”。对城市文脉的发掘与延续，可以使我们不断地从传统的内容与形式中找到自己的文化根基，这不仅是对历史的尊重和对传统的继承，也是推动现代城市发展和文化创新的必然途径。深入挖掘和传承这些文化元素，有助于增强人民群众的文化认同感和归属感，推动城市物质文明和精神文明协调发展。了解和挖掘传统文化，并不意味着僵化地复制过去。相反，它为当代文化创新提供了丰富的素材和灵感，即在传统文化的基础上，可以创造出新的文化形式和艺术作品，推动文化产业的发展。

一是挖掘城市在地文化。在城市更新中实现人类、建筑、环境三者间的生态平衡，城市建筑突出本土化特征，城市公共空间突出“一城一景”，要注重原住民生活方式和民俗民风保留。

二是活化利用历史文化。通过引入以传统老字号、文化创意为代表的商业业态，完成对老旧小区和历史街区的适当性商业化改造，商业化运作收益反哺于保护非遗文化、历史建筑和街区保护。

三是突显城市风貌特色。保护公共空间历史记忆和特色风貌，加强文化传承和创新，营造具有地域自然特点和文化特色的城市公共空间景观风貌。

（二）找准文化定位，塑造城市品牌

从全国视角来看，当今城市之间的竞争越来越侧重于以文化为核心的软实力

竞争。精准的文化定位既能提升城市的内涵和品位，彰显城市的个性和魅力，还可以为城市未来发展带来更多机遇，使城市在全球化的背景下保持独特的竞争力和吸引力。

城市品牌的打造，离不开对城市文脉的探寻和挖掘，品牌的内涵越丰富，承载的文化附加值越高，其辐射力、吸引力和发展活力就越强。因此，城市品牌具有文化和产业的双重属性，是城市与产业发展的助推器。

人民群众对美好生活的期待离不开文化产品与服务的持续充分供给。塑造城市品牌，一要与城市文化有机结合，要对各城市符合地域特色的文化要素，诸如历史遗迹、民俗风情、艺术形式等进行择优筛选，进行深层的发掘衍生，制定城市品牌战略，明确品牌定位、目标群体、传播策略等。二要与城市生活深度融合，城市品牌不仅是对外宣传的工具，也是增强居民对自己城市归属感的重要载体，当文化品牌与居民的日常生活紧密相关时，更能激发居民对城市的自豪感和认同感。三要与城市规划同步发展，推动文化与旅游、科技、教育等其他产业的融合，打造文化产业链，提升文化的经济价值。近年来，国内诸多城市凭借地方特色文化和创意营销，打造出个性化的城市“招牌”。可以说，精准的文化定位已然成为城市综合竞争力的重要因素。

（三）推动“文化＋”深度融合，助力消费升级

一是优化文化旅游公共服务。倡导公共文化服务“数字无障碍”，利用科技手段打造智慧场馆、智能服务，提升旅游体验。注重抓好“微改造”“精提升”，创新业态，完善公共文化服务供给体系，培育文旅消费场景，做强做优一批国家级旅游休闲街区、夜间文化和旅游消费集聚区、文明旅游示范单位，打造提升新型文旅融合旅游景区。开展节假日精品演艺、文创非遗进景区活动，让人民群众享有更加充实、更为丰富、更高质量的精神文化生活。

二是支持消费业态集聚发展。当今，付费知识经济时代的快速兴起，文化产业的价值空间被不断放大。文化产业作为新兴的战略性发展产业，其所具备的高智力附加值、低环境成本的产业价值越来越受到世界各地的瞩目和重视。推动文化产业与科技、金融、旅游、生态、信息、体育等领域深度融合。加快文化与金融、科技等生产要素融合发展，激发文化发展新动能。政策支持方面，政府应出台相关政策，给予文化产业与其他领域的深度融合项目优惠政策，包括税收减免、贷款支持、创新基金等；人才培养方面，政府应加大对消费业态领域的人才培养力度，通过设立专业学院、开展培训课程等方式，提高专业人才和创新人才的专业素质。

三是建立文化产业合作联盟。文化产业本身具备的融合性特征，在不断渗透的过程中带动传统产业的转型升级。当下文化产业的发展已呈现出类似于自然生态系统生态性质和动态演进的特点，形成了整合政府、企业、高校和社会资源，且具有完整链条的产业生态系统。因此，要加强合作伙伴关系，与相关企业、机构和组织共享资源，共同推动文化产业的发展，提高整体实力和影响力；要促进创新研发，坚持正确的文化产品创作生产方向，提升设计水平及文化内涵，构建完善的现代文化产业体系，提升文化产业竞争力；要推动市场拓展与国际合作。通过联盟成员的资源整合和合作，共同开拓市场，推动文化产品和服务的国内外推广。同时，联盟成员可以通过组织联合展览、文化交流活动和合作项目，促进文化产业的国际化发展。

四、历史文化在城镇老旧小区改造中的应用

（一）以文润区，在地文化挖掘传承

老旧小区往往承载着城市的历史和文化记忆，深入挖掘小区内的文化资源，包括传统建筑、民风民俗等，有助于了解小区的文化底蕴和特色，在改造设计中，尽量保留和传承这些文化资源。

例如，杭州市拱墅区德胜新村社区以“德”文化为中心（图4-4），结合“非遗传承”和“德胜历史”“德胜名人”等文化内容，挖掘小区的发展历史、地域特点、特色建筑、文化共识等元素，为公共空间确定文化艺术主题，形成德胜新村特有的社区语言，并将其融入小区改造设计，打造德胜文化教育圈，增进居民对社区的认同感、归属感和自豪感[128]。

图4-4　杭州市拱墅区德胜新村“德”文化

（二）以文塑区，形成一区一特色

老旧小区改造应充分调研社区的原有建筑、空间格局和历史文化，信息来源可以是历史文献、历史照片，也可以是实地走访收集专家和传统民俗继承人的观点等。此外，应号召居民参与文化建设，多方征集当地民众的意见和建议，群策群力，挖掘居民的共同文化，有助于形成具有小区特色的设计方案，既能够提升居住环境，也能通过设计符号展现独具魅力的文化特色。

例如，宁波市江北区绿梅小区在老旧小区改造中，落实历史建筑保护修缮要求的同时，注重历史文化传承，加强对社区文化特色的挖掘和提炼，量身打造文化家园，坚持“差异化”“渐进式”改造，使改造工作能因地制宜、精准推进。绿梅小区原为海洋渔业公司职工宿舍楼，此次改造中在社区大门、墙绘及配套设施建设中融入海洋文化元素，打造海洋文化场景类社区；正大花园所在地曾是正大火柴厂原址，改造中将火柴、火花元素广泛应用于小区文化墙、门禁卡、宣传栏等，还将从居民处搜集到的老式收音机、电话机等老物件镶嵌在活动室的围墙上，唤起居民共同的文化记忆。

又如杭州市拱墅区大关街道东二苑通过片区化改造实现消极空间的利用，在推动乐龄养老、便民商业、文化教育等某方面具有创新性。东二苑深耕居民草根文化，重点打造百姓戏园，给老年人提供活动娱乐、听曲学戏场地的同时，极大改善了居民公共文化服务供给，满足了居民的文化需求，实现了非物质文化的延续和传承（图4-5）。

图4-5 杭州市拱墅区大关街道百姓戏团

（三）以文兴区，丰富精神生活

丰富社区居民日常文化生活，针对社区居民的文化需求、年龄层次等开展多种形式的文化活动，让居民共享文化发展红利。如杭州市上城区湖滨街道以“幸福邻里坊”为抓手推进共富综合体建设，青年路社区利用幸福邻里坊的邻里客厅，针对不同年龄群体的多样化需求，安排越剧兴趣团、绘画兴趣团、公益晚托班、心理团辅课等兴趣活动，开展“阅见春天，共沐书香”世界读书日活动以及国庆主题绘本故事阅读等亲子活动，形成了“天天有活动、节日有庆典、人人都参与”的浓厚文化氛围（图4-6）。

图4-6　杭州市上城区湖滨街道幸福邻里坊邻里客厅创新文化活动形式

第四节　开展“留改拆增”精准营造

党的十九届五中全会提出“实施城市更新行动”后，2021年《中华人民共和国国民经济和社会发展第十四个五年规划和2035年远景目标纲要》首次明确将“城市更新”上升为国家战略。然而，各地在探索城市更新的道路中仍发现了诸多问题，造成城市更新不可持续。为此，2021年8月住房和城乡建设部印发通知，要求防止“大拆大建”，为城市更新划出“底线”。2023年7月7日，住房和城乡建设部官方网站发布《关于扎实有序推进城市更新工作的通知》，提出明确城市更新底线要求：坚持“留改拆”并举、以保留利用提升为主，鼓励小规模、渐进式有机更新和微改造，防止大拆大建。近年来，各地在立法和制度建设等行动中稳步推进，城市更新工作从以往大拆大建为主的粗放模式，逐步转向“留改拆”并举的渐进式更新和微改造，部分地区如重庆、杭州等坚持“留改拆增”并举，摸索出了可复制、可推广的有益经验。

一、现有城镇老旧小区改造的单一性

目前，城镇老旧小区改造在模式、决策、资金来源等方面存在较为明显的单一性特征。按照《国务院办公厅关于全面推进城镇老旧小区改造工作的指导意见》，当前我国城镇老旧小区改造主要以综合整治为主，难以长远兼顾到各个老旧小区的实际情况及老旧小区远期发展情况。经改造后的老旧小区，在未来几十年依然是居民的主要生活场所，因此如何避免改造成效短期化、短视化，仍面临诸多现实考验。

（一）改造模式单一

不同城镇老旧小区在小区体量、建筑规模等多个方面存在差异，且老旧小区建成年代较早，受当时建筑条件、技术的限制，缺少相关配套设施规划，在现有规划和相关法规的约束下，空间拓展和资源共享受限。因此在实际操作中，多数老旧小区的改造各自为政，以单一化的独立改造为主，无法与周边公共资源、服务设施、公共空间形成有效联动，不利于空间运营，影响了片区的均衡发展。长期偏重于推动单个小区的改造，而忽略了设施统筹布局、上下游衔接和多专业协同的需求，进一步导致资源浪费、效率低下。

此外，城镇老旧小区实际改造过程中，多以综合整治类改造为主，改造重点为提升公共环境和公共服务能力等，缺乏其他改造模式的成熟经验。

（二）改造决策单一

目前城镇老旧小区改造在项目工程建设、资源调配、文化建设等一系列工作中，一直由基层行政主体扮演主导角色，居民自主参与城市发展的渠道有限，实施主体也未有效激发居民参与，导致居民自治组织发展不完善、参与意识不足，公众监督、管理机制不健全，成为改造的“旁观者”。

决策主体的单一导致决策权的过分集中、缺乏多元参与，决策过程的不透明导致决策民主性的缺失，容易在改造过程中引起矛盾冲突，且在后续运营管理等阶段缺乏居民参与和资金投入，导致城市更新难以实现良好的自我造血能力。

（三）改造资金单一

目前，城镇老旧小区改造资金多由政府承担，尚未形成“居民出一点、社会支持一点、财政补助一点”的格局。

从财政出资看，目前城镇老旧小区改造资金主要来源于财政投入，一是中央资金（中央财政补助和预算内投资）和各省政府奖补资金，二是各市、区两级财政资金。然而各地区、各城市不同片区财政收入存在较大差异，改造工程的资金缺口依然存在，这就影响了部分老旧小区的改造标准。城镇老旧小区改造若仍仅靠政府一己之力，财政面临巨大压力，难以长久维系。

从维修基金落实看，城镇老旧小区维修基金可能存在缴纳不足或使用完的情况，一旦面临基础设施老化等现状问题需要解决，即使全额收取物业费用，也不能维持正常运转，较大的维修压力和维修成本导致很多物业公司不愿介入。街道、社区只能在政府补贴下，承担环卫清扫保洁任务和基础设施的基本维护，勉强维持小区的基本运行。

从居民出资看，居民对于改造的诉求多种多样，较难达成共识，尽管改造意愿强烈，但在具体施工阶段配合度不高，且老旧小区居民普遍缺乏付费意识，常住居民中，低收入人群、老年人及租户占比高，对改造后价值提升效果缺乏感知，出资意愿普遍不强。

从社会力量参与看，老旧小区改造投入大、周期长、收益不确定性高，主要以公益性、社会消息为主，可产生的经济效益较少。若缺乏金融政策支持，企业合理收益难以保障，投资回报率较低，参与积极性普遍不高。

二、城镇老旧小区过度改造的影响

政府作为城镇老旧小区改造过程中的牵头部门，具有组织协调的职能，承担枢纽的功能。我国计划经济延续时间较长，受限于管理模式长期作用形成的路径依赖，在政府主导城市更新的过程中，政府“自上而下”的行政主导已成为一种常态。

（一）政府大包大揽容易导致后续维保难

以杭州市老旧小区改造调研情况来看，90%以上的老旧小区在外立面改造提升中均为居民统一安装了雨篷、空调外机罩、晾衣架，部分老旧小区在改造中为居民更换了窗户、保笼等基础类设施（图4-7）。这一系列项目受施工影响容易出现破损、外观污染等情况，因此改造费用均由政府出资承担。

图4-7 杭州老旧小区改造外立面得到显著改善

从短期结果来看，统一整洁的外立面提升了小区形象，但从长远角度而言，这些安装到户的配套设施在工程质保到期后如何维保将成为难题。不少居民表示，“这些是政府要帮我们更换的，出现问题都应该找政府”，面对问题往往“等、靠、要”政府解决。部分社区书记也反映，“现在雨篷渗漏、螺丝掉了都来找社区，社区再找工程队派人来维修，维修工期比较长，居民意见就比较大”。此外，小区改造中新增的设施如智慧安防系统、电动汽车充电桩等没有确定运维主管部门，运维主体及工作内容尚未规范。管线疏理所涉管道、桥架工程建设改造后产权难以明确而缺乏投资主动性，改造后设施的维护保养工作如何落实也需进一步协调理顺。

（二）政府大包大揽容易增加财政资金负担

社区、街镇无力承担后续维保问题，不仅容易影响居民生活，无形之中还增加了社区工作和政府财政负担。长此以往，过度改造不仅会让财政面临巨大压力，也不利于后续改造工作的开展。

受资金来源单一、财政压力过大等因素制约，政府层面通常站在宏观的角度看待问题，对老旧小区更多的是进行基础类改造，无法完全满足全部居民的实际需要，缺乏对居民生活圈层的构建和总体生活品质的提升；且居民大部分没有建立“有偿购买服务”的消费意识，导致老旧小区改造难以统筹兼顾，调动各方力量来弥补资金缺口。建立一套全新的资金供给模式成为老旧小区改造的一大难题。

老旧小区的改造资金虽然主要来源于财政补贴，但也需要按照“谁受益、谁出资”的原则落实居民出资责任。大包大揽的政府财政出资模式不可持续，其职能“越位”不仅难以实现老旧小区改造预期目标，还制约了市场和社会作用的发挥难以满足城市更新的实际需求，城市更新项目的价值增值也无法充分考量。

（三）政府大包大揽容易造成参与主体缺位

在“政府主导、企业实施”的老旧小区改造模式过程中，社区居民多为被动接纳、执行命令的角色，多数居民没有意识到参与老旧小区改造是自身的权利和义务，养成了服从政府、依赖政府的社会心态，导致居民参与不足、出资意愿低等问题出现。一方面，老旧小区居民收入水平和结构差异导致需求分化加剧，改造目标难以达成一致，进一步降低了居民参与积极性；另一方面，多元参与机制尚未建立健全，居民、社区之间的交流存在一定隔阂，无法充分发挥主观能动性，导致参与社区治理流于形式。这些现实问题的出现，使实施过程中产生了较多矛盾和冲突，不仅增加了老旧小区的改造成本，也让改造效果大打折扣。因此，老旧小区改造需要多主体参与，以克服集权制的弊端。

三、城镇老旧小区“留改拆增”的措施

城镇老旧小区“留改拆增”，指的是在改造过程中多保留建筑、构件和材料，以提升建筑安全、节能、使用性能，多保留城市特色风貌，以延续城市的历史文脉和特色风貌；改造低效空间和老旧功能片区，推进闲置土地和闲置建筑的再开发利用，以重塑城市活力；拆除违法建筑，以及经专业机构鉴定为危房且无法修缮、也不具备保留价值的建筑，以进一步优化公共资源布局，完善现代城市功能；增补市政基础、公共服务设施短板，以改善居民的居住条件。而相对其他改造模式，“留改拆增”的重点不仅仅是字面意义的“留一部分，改一部分，拆一部分，增一部分”，而是由居民作为改造主体的一种全新模式，作为后续既有住宅改造，特别是危房改造的补充，应从理念、操作、出资等方面进行创新。

杭州市在继续以综合整治模式推进面上工作的同时，启动了以拆改结合模式探索点上工作突破的新尝试。杭州市拱墅区浙工新村作为浙江省首个危旧房有机更新（试点）项目，于2023年11月28日正式开工。浙工新村位于杭州市拱墅区朝晖六区西北角，共14幢建筑（其中住宅13幢，非住宅1幢，现为浙江工业大学退休教职工活动中心）。13幢住宅中，除浙江工业大学专家楼建于2000年以后，其余12幢住宅建造于20世纪80—90年代，涉及住宅548套，建筑面积3.77万m^2。房屋主体采用多孔板及条形基础，无抗震设防及配套用房，安全隐患较多，其中

4幢住宅经鉴定为C级危房，居民改造意愿十分强烈。结合小区实际情况和居民需求，拱墅区提出拆改结合方案，对专家楼实施综合整治，其余12幢住宅及退休教职工活动中心进行拆除重建。

在试点阶段，杭州市拱墅区浙工新村形成了"党建引领推动、居民主体参与、资金总体平衡、小区整体优化"的城市更新模式，成功探索城市危旧房有机更新路径，打造新时代城市版"千万工程"样板。

（一）坚持党建引领，创新四轮驱动群众工作法，破解主导推动难题

1. 现场专班实体化运作

聚焦浙工新村危旧房问题久拖未决情况，新一届拱墅区委区政府以"居民主体、政府主导、住建主推、街道主抓、街校主责"为基本原则，以"模式创新、政策惠民、资金平衡"为基本目标，以"拆改结合"为具体路径，启动浙工新村项目改造。专门成立以区委书记、区长为双组长的工作领导小组，区委常委、组织部长、区政府分管副区长负责日常工作，下设"一办两组"（办公室、群众工作组、政策工作组），负责协调各方、群众工作、业务政策等事宜。把浙工新村项目作为练兵场、赛马场、大考场，成立区级工作专班和由"一办八组"构成的现场工作组并成立项目临时党委，从区相关单位抽调20名干部充实力量，属地街道全面动员、社区全员压上。实行包干到户，六个攻坚组每组包干90户左右，由"一名选派区管干部+一名属地街道班子"为双组长，带领街社干部、高校干部、专业法务等组员，组成群众经验丰富、属地情况熟悉、专业知识扎实的攻坚团队，协同作战。

2. 四轮入户全覆盖走访

实施四轮全覆盖入户走访，了解群众诉求，推动面上签约。以掌握居民初步意向为目的开展第一轮入户，5天完成意愿征集及自愿有机更新委员会（以下简称"自更会"）候选人报名，居民委托开展有机更新同意率为96%；以排摸重点户为目的开展第二轮入户，组织居民票选评估公司，初步建立重点户名单，票选评估公司参与率为94.3%；以了解居民签约意向为目的开展第三轮入户，评估公司入户评估，搜集汇总个性化诉求，最终评估率为100%；以正式签约为目的开展第四轮入户，6天签约率50%，半个月签约率超70%，最终85天完成签约达99.82%，项目正式启动。

3. 重点群体分类式破难

围绕小区困难群体实际情况和诉求逐一分析研判，分门别类提供针对性兜底服务。对因经济原因无法支付相关费用、存在房屋抵押情况、对过渡房源有要求

等各类人员情形，分别采取联动银行、房屋中介等提供金融救济政策、更新后调整标的物与银行重新签订抵押合同、提供朝晖附近238套租赁房源等举措，切实解决群体差异化难题。累计出台过渡安置、金融专业贷款等兜底政策2项，帮助协调就近过渡83户。对“不满政策”“遗留问题”“家庭纠纷”等各类型重点户，联动专业法律力量、基层调解团队等开展上门服务，帮助算好经济账、法律账。累计解决遗产继承等司法问题7个，协调历史遗留问题9个。针对小区85岁以上老人、独居孤寡老人及身患重病等特殊群体制定个性化安置方案，安排小区专员、党员群众骨干与142名85岁以上老人结对，协助做好租房、腾房等事宜，解决其后顾之忧。累计安排社区医生上门问诊、服务50人次，慰问老年群体72人。

（二）坚持系统重塑，创新城市更新路径模式，破解政策限制难题

1. 放宽指标控制标准

面对规划红线、日照、楼间距、车位配比、绿地率等与规划标准存在出入难题，在不突破指标的前提下，灵活平衡现状条件与标准要求，与规资等审批部门达成一致，并报市政府同意并发文明确，日照、楼间距、车位配比、绿地率等数据指标按照不低于现状标准控制，通过政府让渡部分权益的方式，为项目实施提供用地和空间保障。

2. 简化审批办证流程

结合现有旧改政策，以办证为目标，联动报请市住房和城乡建设委员会牵头相关部门共同研究项目立项、联合审查、施工许可、联合验收、产权登记、税费结算等一揽子问题，最终确定“采用旧改联审联验”的模式简化项目审批流程。项目腾房时由建设单位提前收缴房产证、不注销，按照“带押过户”原则，更新房建成后“以旧证换新证”模式，通过居民补交扩面费用的形式办理新的不动产证。

3. 创新资金平衡模式

坚持“居民适度投入、政府政策补贴、努力实现资金基本平衡”的原则，明确一家区级国有平台公司作为实施主体，以房屋扩面、地下车位出售、新旧房差价结算等收入为主，在对照周边二手房、次新房小区价格基础上，充分考虑群众心里接受度，通过合理修正确定扩面单价及车位价格等方式，算好收入总账，以冲抵建安成本、装修补贴、租房补贴等支出，同时统筹利用好旧改、加梯、未来社区等政策补贴，实现资金基本平衡，为破解城市危旧房更新难题提供可复制经验、可借鉴样本。

（三）坚持居民主体，创新双向沟通对话机制，破解民主参与难题

1. 建好居民自更会

以“一楼幢一代表”为原则，创新成立居民自更会，通过公告、报名、联审、公示等程序，产生正式代表13名。居民自更会代表多数居民意见委托政府启动有机更新试点项目，并在签约率99.64%情况下提出项目正式启动申请，同时配合开展政策宣讲、舆论引导、意见收集、沟通协商等工作。自更会代表以身作则率先签约，配合现场工作组接待群众250余人次，提出意见建议20余条，帮助沟通协调过渡房、家庭纠纷等问题30余个。

2. 开好议事协商会

拓展红茶议事会“科学议事规则、结构化会议流程”做法，居民自更会牵头建立“新村新未来”议事平台，就有机更新方案中房屋户型、面积、公共配套等问题充分征求群众意见，召开各类别、各层面议事会议10余次，收集各类问题建议23个，有效构建民情民意“收集—议事—解决—反馈”的闭环机制。

3. 搭好情感交流平台

以全面引导、把握居民思想动态为目标，以情感为纽带，建立线上＋线下互动交流平台。由自更会代表以楼栋为单位组建居民微信群，在现场工作组指导下答疑解惑，发布官方准确信息，正面引导舆论方向。社区党委带领小区党组织、楼道党支部和群众性社团，积极开展小区服务日、党员面对面、民情恳谈会等活动，加强政策宣传、收集民情民意，做好思想劝导，营造全体居民共同参与的良好氛围。

（四）坚持以人为本，创新宜居和美幸福场景，破解群众满意难题

1. 户型最优化，保障群众选择权

按照“以新房套内建筑面积不低于旧房套内面积”的原则，确定新房置换面积，充分考虑楼层、朝向等因素进行面积补差，动态调整方案10多稿，在原有54种户型的复杂现状上，设计出7种标准户型供居民结合家庭经济状况进行选择，确保更新后居住权益得到最大限度保障和提升。坚持“去房地产化”设计理念，做到“量体裁衣、量身定做”。

2. 配套场景化，提升群众获得感

针对项目原配套公共设施严重不足的实际情况，在方案模拟设计中融入未来社区“三化九场景”建设理念，新建社区用房、物业用房，以及老年活动中心、婴幼儿照料中心、健身场所、文化休闲等配套设施超2000m^2，设置地下车位近500个，实现人车分流，实施更新后小区绿地率将提升至25%以上。

3. 景观设计人文化，强化群众认同感

设计尽量保留小区原有文化记忆，整体风格融入大运河文化和浙江工业大学校徽等元素，配以现代中式园林风格中心景观及各主题人文小品景观，实现历史风貌延续，展现校园人文精神，激发老工大人的回忆，加强小区居民的认同感和归属感。

推进拆改结合，应当厘清以下三种关系：一是政府与居民的关系。拆改结合的本质是居民为改善居住环境而实施的自主改造，应坚持居民的主体性，变“要我拆”为“我要改”；政府要从“实施者”转变为“组织者”，并给予一定的资金、规划支持。二是规划与现实的关系。应秉承“尊重历史、面对现实”的理念，即坚持规划空间布局和管控刚性底线要求，在确保公共利益和安全的前提下，适度放松用地性质、建筑高度和建筑容量等管控，灵活划定用地边界，按照不恶化原则有条件突破日照、间距、退让等技术规范要求。三是普惠化与市场化的关系。居民主体性首先体现在居民出资上，原则上房屋本体改造费用由居民自行承担，有条件的居民可通过市场化手段适当改善居住品质；政府应在基础设施及公共服务设施方面承担相应责任，并针对困难群众在租房、搬家等方面面临的现实难题，予以适当补助。

浙工新村的自主更新，为城市更新尤其是城镇老旧小区改造提供了一种新的模式。下一步，杭州市拱墅区将围绕现代社区“五高”“五新”建设要求，以提升居民生活品质和获得感为目标，扎实做好浙工新村腾房及后续建设工作，努力打造杭州市危旧房有机更新试点样板，以期为全省乃至全国城市更新项目提供可借鉴可复制经验。

四、精准营造现代居住社区

现代居住社区是指以住宅为主体，配套设施完善、居民生活便利、社区管理规范的居住区域。现代居住社区注重居民的生活品质和社交互动，提供安全、舒适、便利的居住环境，同时也注重环境保护和可持续发展。社区管理方面，现代居住社区通常由专业的物业管理公司或居民委员会负责，提供安全、多元、个性化的服务，促进社区居民的互动和共同发展。

（一）现代居住社区建设规划的特点和原则

1. 现代居住社区建设规划的特点

一是综合性。现代居住社区建设规划注重整体规划，将居住、商业、教育、

医疗、文化等多种功能有机结合，形成一个综合性的社区，以满足居民的多样化需求。

二是可持续性。现代居住社区规划和设计中考虑环境、经济和社会的可持续发展。社区建设注重节能减排、资源循环利用、生态保护等方面，采用可再生能源、绿色建筑材料等环保措施；推广低碳生活方式，减少对自然资源的消耗，建设绿色公园和景观，提高社区的生态环境质量。

三是数字性。现代居住社区建设规划借助数字技术，将智能化和信息化应用于社区管理和服务中。通过建立智能化的社区管理系统，实现对社区设施、安全、交通等方面的监控和管理，提供便捷的居民服务，如智能门禁、智能停车、智能垃圾分类等。同时，数字化的社区规划和设计也可以通过虚拟现实技术等手段，提供更直观、可视化的展示和参与方式，增强居民的参与感和满意度。

2. 现代居住社区建设规划的原则

一是人性化原则。社区规划应以人为本，以满足居民的生活需求和提升居住质量为目标。规划应考虑不同年龄、阶层居民的需求，提供适宜的公共设施和服务。社区规划应鼓励居民之间的社交互动和合作。规划应提供公共活动场所、社区活动组织等设施和机制，促进居民之间的交流和互助。此外，要鼓励居民参与社区事务的决策和管理，提高居民的参与度和归属感。

二是便利性原则。社区规划应注重便利性和通达性。规划应考虑交通、商业、教育、医疗等基础设施的布局和配套，同时，注重无障碍设计，应考虑老年人、残疾人等特殊群体的需求，提供便利的生活服务和交通出行条件。

三是生态性原则。社区建设应尊重自然生态系统，保护和恢复生态环境。在规划过程中，要充分考虑土地利用、水资源、空气质量等因素，避免对生态环境造成破坏。同时，要保留、保护社区内的自然景观和生物的多样性，提供绿地、湿地、森林等自然生态空间，为居民营造良好的生态环境。

（二）精准营造现代居住社区的总体规划

1. 建设现代化的绿色生态型居住区

在建筑设计上，坚持绿色发展理念，注重生态环保和节能减排。大力推广使用健康、环保、安全、绿色的低碳建材，运用绿色建筑技术，如太阳能利用、雨水收集利用、地热能利用等，减少对自然资源的消耗和环境的污染。同时，注重建筑的通风采光和景观设计，提高居住环境的舒适度和美观度。

在居住区内增加绿地和植被覆盖，提高空气质量和生态环境。可以建设公园、花园、绿化带等，增加居民的休闲娱乐空间。同时，注重植物的选择和养护，选择适应当地气候和土壤条件的植物，减少对水资源的需求。

合理规划交通系统，以窄马路、密路网理念改善道路交通，重点完善15min生活圈交通配套设施；建立高品质、可达性强的慢行交通网络；提升新能源交通的基础设施建设规划，包括换电站、公共充电桩等设施建设。

合理管理和利用水资源，建设雨水收集系统和污水处理设施，实现水资源的循环利用和节约。可通过建设雨水花园、雨水收集池等，收集和利用雨水灌溉绿化带和公共绿地。

2. 建设现代化的宜居文化型居住区

在规划设计阶段，要充分考虑居住区的文化特色和居民的文化需求，规划文化设施和公共空间，如图书馆、艺术展览馆、剧院等，以满足居民的文化娱乐需求。在居住区内注重文化设施的建设，如文化广场、文化活动中心等，为居民提供丰富多样的文化活动和交流平台。

引入文化活动，培育文化氛围。定期组织各类文化活动，如音乐会、艺术展览、戏剧演出等，以丰富居民的文化生活。通过社区教育、文化讲座等形式，培养居民的文化意识和文化自信。同时，鼓励居民参与社区文化建设，组织文化志愿者队伍，开展文化交流和互动。

保护传统文化，建立文化管理机构。在建设现代化的文化型居住区的同时，要注重保护和传承传统文化。突出本土化特征，注重民风民俗留存可以在居住区内设置传统文化展示区，举办传统文化活动，让居民了解和尊重传统文化，增强文化认同感；强化地方园林、本土建筑等特色风貌的保护，以建筑、公园为载体开展本土文化节日，强化新渠道传播，建立专门的文化管理机构，负责文化建设和管理工作；以奖补、减免税等方式对传统老字号、非遗文化等特色文化资源进行保护，结合当今生活方式进行商业化开发改造。

3. 建设现代化的智慧数字型居住区

建设智能化基础设施，包括智能电网、智能供水系统、智能垃圾处理系统等，通过物联网技术实现设备之间的互联互通，提高居民生活的便利性和舒适度。

夯实社区基础管理平台数据基础，实施社区公共设施和基础设施数字化、网络化、智能化改造和管理，提供线上线下融合的生活服务、社区治理、物业管理等服务，如在线购物、在线医疗、在线教育等，提高居民生活的便利性，提升社区管理的效率和服务质量。通过建设社区共享平台，推动“互联网+政务服务”向社区延伸，推动数据共享流通，打通服务群众的“最后一公里”。

加强网络安全保障，建设数字型居住区需要大量的网络设备和数据传输，要加强网络安全保障，防止信息泄露和网络攻击，保障居民的信息安全和隐私权。同时，加强居民数字素养培训，通过开展居民数字素养培训，提高居民对数智生活的认知和运用能力，使居民能够更好地享受数字化生活带来的便利和福利。

第五节 城镇老旧小区改造的“五高”品质要素

当前城市建设重点转入对存量的提质增效阶段，人民群众对居住水平的要求从“有没有”转向“好不好”，期盼拥有更舒适安全的居住条件、更便捷的市政公共服务设施和更优美宜人的城乡环境，实现城镇老旧小区居民生活品质从“住有所居”到“住有宜居”的提升。

城镇老旧小区因受限于当时的建设水平，与当前人民群众追求幸福美好生活的需求产生了较大差距。城镇老旧小区改造既是家门口的小事，也是城市发展中的大事。不同于新建项目，老旧小区改造在项目申报、计划生成、改造推进、项目监管、后续管理等各个流程环节中，均存在与新建项目的不同之处。城镇老旧小区改造要统筹考虑项目各层次和各要素，在谋划阶段应摸清小区存量资源禀赋。在方案设计时以居民的实际需求为导向。在改造过程中，有计划地留白有利于改善城市规划和城市更新的传统弊病。城镇老旧小区改造涉及千家万户，内容庞杂，要注重规划制定的前瞻性，加强对城市发展问题的预研预判，运用长期运营的思路，灵活应对未来城市更新发展新形势和新需求。本节从基础设施、公共服务、空间环境、风貌形象、活力秩序五个部分进行阐述，对城镇老旧小区改造的“五高”品质要素提出改造要点与方法。

一、高品质的基础设施

基础设施是城市韧性发展的物质基础，是满足居民安全需要和基本生活需求的重要保障。改造前应对小区情况进行全面调研评估，同步开展“问需＋问计”，明确居民的改造意愿和改造需求等情况。

（一）市政基础设施

市政基础设施配套建设方面，主要包括改造提升小区供水、排水、供电、弱电、道路、供气、供热、消防、安防、生活垃圾分类、移动通信等基础设施，以及光纤入户、架空线规整（入地）等。在基础类共性问题改造的基础上，各地根据小区实际，由居民自选确定个性化需求改造内容，完善“菜单式”选改，以“一小区一方案”全方位改善居民的居住条件（图4-8）。

图4-8　杭州市拱墅区大关西苑道路改造前后

（二）空间形象

空间形象整体规划方面，要杜绝单一建筑方案的简单照搬和重复使用。根据周边空间环境特征，合理组织基础设施场地内空间布局、周边环境、交通流线、功能配置、生态景观、风貌色彩、第五立面等设计要素，提升城区整体面貌，融入城市整体格局（图4-9）。

图4-9　杭州市西湖区德加公寓东区改造后的小区形象

（三）安全设施

安全设施方面，老旧小区应配强安防、消防体系。在小区关键点位新增智慧安防设备，保证小区安全无死角、全覆盖。通过增设消防设施、配置小区应急物资储备室、定期组织消防宣讲等措施，确保消防基础设施建设落到实处，消防知识宣传深入人心，切实提升居民住宅抗御火灾的能力。有条件的老旧小区，经由业主共同决定，宜加装电梯，加装电梯项目必须取得行政主管部门的审批手续，确保加装施工不会对房屋主体结构安全造成危害，尽量降低对其他业主通风、采光、通行等造成的不利影响（图4-10）。

图4-10　某老旧小区电梯加装前后对比

（四）文化风貌

文化风貌方面，应促进基础设施有机融入老旧小区空间景观，丰富文化记忆。在满足使用功能和工艺要求的基础上，对小区重要空间节点的基础设施进行艺术化创造，充分展现设计感、文化味（图4-11）。

图4-11　某老旧小区文化廊和文化景墙

二、高品质的公共服务

拓展高品质公共服务，要以人的尺度、人的视角、人的体验为着眼点，充分考虑居民的生活需求、行为特征、空间感受。合理利用周边的“边角地”“插花地”“夹心地”以及非居住低效用地，因地制宜建设公共活动场所和服务设施。

（一）公共服务设施

公共服务设施配套建设方面，应立足小区及周边实际条件，主要包括改造或建设小区及周边的社区综合服务设施、卫生服务站等公共卫生设施、幼儿园等教育设施、周界防护等智能感知设施，以及养老、托育、助餐、家政保洁、便民市场、便利店、邮政快递末端综合服务站等社区专项服务设施（图4-12）。

图4-12　杭州市西湖区翠苑一区新增的公共服务配套

（二）一老一小服务

一老一小服务方面，应结合老年人、儿童及特殊群体需求，营造“老幼共融”的友好型社区，与相邻社区形成“一老一小”资源共享、功能互补。

针对老年人需求，加强适老化设施及无障碍设施建设，如老年大学、健身中心、长者食堂等，构建乐龄养老生态圈。打造智慧医疗体系，完善线下养老服务空间。为居民提供智慧化、互联化、共享化的优质健康养老服务。如宁波市鄞州区东裕新村引进第三方专业服务机构投资，挖潜社区闲置资源建设了宁波首家5A级居家养老服务中心。该养老服务中心投资约700万元，建筑面积约2200m^2，内部设置了理疗室、健乐坊、阳光食堂、益智厅等，集“医、食、住、学、养、健”多功能于一体。以社区的健康管理服务和家庭医生服务的专业医疗服务为核心，结合社区医疗保健服务网络，集线上线下服务于一体的服务模式，为老年人提供康复护理、居家上门、健康管理等服务；对所有老年人统一建档，结合大数据库分析，根据季节、疗程等时间节点，提前预判老年人所需要的服务类型，节约人力时间成本，并降低事故隐患风险，建立“足不出户”养老模式，真正实现嵌入式养老，打造“数治化”养老小区（图4-13）。

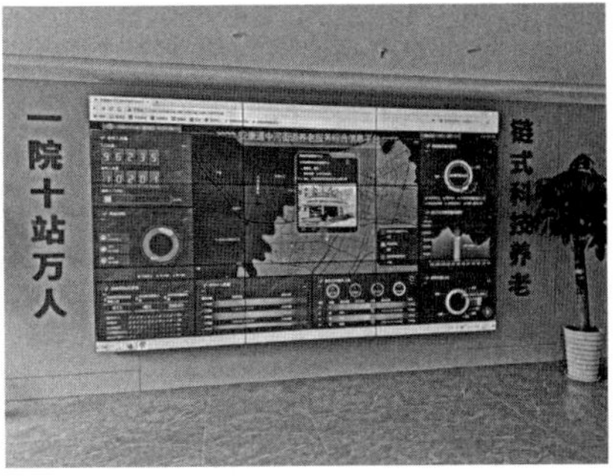

图4-13 宁波市鄞州区打造居家养老服务中心

针对不同年龄儿童的活动需求，宜配置具有教育意义的空间，如成立幼儿成长驿站、青少年活动中心等，开展如养育指导、绘本故事分享、音乐教学、书法等兴趣活动。有条件的社区，可以依托社区外优质教育资源，积极对接周边学校、博物馆、图书馆等场馆资源，拓宽社区学习地图，营造无界教育学习氛围。如杭州市上城区机神社区在邻里中心运营上，和辖区内的濮家小学合作，以及引入上城区青少年宫等教育资源合作，通过免费提供场地，既让社区孩子实现家门口上兴趣班的愿望，又能够在不增加运营成本的情况下，提高场地使用率。

（三）无障碍设施建设

针对特殊群体需求进行公共服务设施配置，如设置无障碍坡道、无障碍电梯、无障碍卫生间、无障碍浴室等设施，有条件的社区，应为残疾人提供语音、文字提示、盲文和手语等无障碍服务。如杭州市拱墅区德胜新村在改造过程中遵循无障碍设计理念，结合城市空间、社区场地、建筑环境、室内服务、标识引导等多种形式设计于一体，按同步设计、同步建设、同步体验的原则，在设计上做到了物理环境无障碍。同时，探索和实践信息交流无障碍，建立了数字盲道、盲人行进数字导航、无障碍信息导航、盲人数字服务等数字化无障碍信息交流系统，真正实现了“通行无碍、关怀有爱”的美好家园社区（图4-14）。

图4-14　杭州市拱墅区德胜新村无障碍设施建设

三、高品质的空间环境

城镇老旧小区空间环境改善提升，应兼顾多元人群的不同需求，提供各自所需的户外活动场所和设施，并通过丰富的功能设置促进不同人群的沟通交流，构建全龄友好公共空间，打造宜居、绿色、健康社区。

（一）生态绿化

绿化方面，以全龄友好、生态宜居为目标，建设面向“需求导向”的绿色生态智慧小区。如上海市徐汇区汇成苑原名汇成新村，由一村、二村、三村、四村组成。中心花园位于社区主要道路相交的核心，以硬质铺地为主，缺少休憩设施，四周植被杂乱。改造时，建筑设计师基本尊重现有的空间格局，对地面和花坛的设施进行提升，在保留了中心花园大部分乔木的前提下，对下层灌木地被进行了清理，同时适当增加开花类的小乔木，为花园增色。改造后的花园又为居民提供曲径通幽的景观步道和休憩凉亭（图4-15）。

有条件的老旧小区，鼓励融入海绵理念，如采用透水铺装，小区集中绿地改造时在较低洼处设置下凹式绿地或雨水花园，道路两侧绿地设置植草沟等，不仅能发挥海绵设施对雨水的滞蓄作用，还可形成具有特色的景观效果。杭州市西湖区翠苑一区在旧改中共实施海绵化改造11处，对九曲池进行重点治理，以增强小区的水文循环能力、减少水灾风险。九曲池通过合理配置水生动植物，形成了完整的生态单元，提高了社区的自然保水能力，不仅美化了社区环境，还有效改善了城市生态环境质量，降低内涝风险（图4-16）。

图4-15 上海市徐汇区汇成苑中心花园改造前后对比

图4-16 杭州市西湖区翠苑一区九曲池水质净化系统

（二）交通序化

交通序化方面，结合城镇老旧小区现状结构，梳理优化主、次道路系统，在保持车行、人行顺畅安全以及满足消防、救护等车辆通行要求的基础上，以加速化解停车难、停车乱放问题为关键点，优化地面车位布局，且采用透水草坪砖，兼顾绿化和停车。截至2023年9月底，全国汽车保有量达4.3亿辆[129]，老旧小区面对停车位的长期供需失衡这一现实难题，应因地制宜多方式增设机动车停车设施，提升机动车交通组织和停车的运行效率，挖掘利用小区周边资源建设立体停车设施。如杭州市大关西四苑引入民营资本，在小区闲置空地配建杭州市首个老旧小区立体车库，在只能划60个地面车位的面积里扩展出180个车位，并实施24h全天候管理运营（图4-17）。

图4-17　杭州市拱墅区大关西苑立体车库

配置带有充电桩的非机动车棚，电动自行车充电的数量可以满足居民需求，包括集中停放和分散布置的多功能直流充电装置。新建车棚充分考虑与住宅之间的距离，不影响周边居民住宅的通风和采光（图4-18）。

改善人行环境，引导人车分流。人行系统宜连接小区入口、住宅、公共活动空间等主要功能场所。有条件的小区可以通过在小区内设置文化健身游步道的方式，把口袋公园、文化设施、服务驿站等公共服务场所贯穿打通，形成环形健身游步道和15min便民服务圈（图4-19）。

图4-18 杭州市余杭区良渚街道花苑新村小区内充电设施改造前后对比

图4-19 杭州市滨江区长江小区设置文化健身游步道

（三）公共空间

公共活动场地方面，充分挖潜边角零星地块、围墙沿线空间、底层架空空间、公共建筑屋顶等用地，为居民提供生态宜居的开放空间和休憩场所，合理设置多元化、人性化的活动空间，建设满足健身、娱乐、科普、避险等复合型功能的场所；加强空间的立体复合利用，如高大乔木与座椅的组合布置，围墙与垂直绿化、座椅、宣传展示等功能复合设计，公共建筑屋顶与健身设施、居民栽植等功能复合设计，加强公共空间包容性建设。

在杭州市湖滨街道青年路社区，中国美术学院、西泠印社等团队密切合作，联袂打造“未来版”社区：塑造青年路“第三空间”，因地制宜改建房前屋后“碎片空间”；通过“换租＋增设”的形式，让住宅、办公混杂的旧场地焕新成兼具多项功能的宜居之美。改造完成后，新增见仁里6号600m^{2}房屋用于“幸福邻里坊”建设，服务覆盖青年路、东平巷社区3447户，累计拆除围墙80m，改建公共绿地2781m^2，拆除违建74处、保笼1335个、花架312个，大大提升了小区空间美感（图4-20）。

图4-20 杭州市上城区青年路社区见仁里小区围墙整治改造前后对比

杭州市滨江区缤纷北苑通过提升中心景观，规划出林荫景观带、活力健康环、健步休闲环，实现一心带两环、一带多节点，整体部署。通过划分老年、儿童的活动空间、广场空间、休憩空间、连廊空间、宅间运动空间，为居民提供更加多元化创意化的空间格局；区域范围包含缤纷小区、缤纷东院等五个小区，且均为安置房小区，共惠及5487户20824人。缤纷社区以党建为统领、聚焦三维价值，已建成缤纷“邻聚里”8大中心，累计整合了1.05万m^3公共服务空间，形成了高度集成的5min社区公共服务圈（图4-21）。

图4-21 杭州市滨江区缤纷北苑改造后的中心景观

四、高品质的风貌形象

城镇老旧小区改造，提升的不仅仅是居民的生活质量和居住水平，更是一个城市的形象。改造后的老旧小区焕发新生，不仅环境优美、设施完善、生活便利，更如同一面镜子，反映出城市的进步，展现出城市的活力和发展潜力，吸引更多人来到这里，感受城市的新生命力。

城市独一无二的形象还来源于其独有的地方文化，可以说，“本土性”就在于“文化性”。重塑城市基因，不仅仅是对城市历史信息、文化符号的保留或复制，而是延续空间要素地域性组合模式及其内在生成机制，形成形态组织与场所营造方法，结合城市特有的地域环境、文化特色、建筑风格等城市基因，营造高品质风貌形象。

小区中的景观是居民聚落演化的见证，具备民间性、文化性、在地性等特质，在改造过程中应融合以上基本特质，形成代表性强、辨识度高的地域特征，将抽象符号转化为可被感知的视觉体验。

如嘉兴市以老旧小区改造助力中心城市品质提升，全力打造具有“红船魂、国际范、运河情、江南韵”的江南水乡文化名城，实施提升类、特色类改造提升项目。对标上海、杭州的小区建设，突出城市特色定位，将红色元素和江南元素融入小区整治，增加建筑立面改造等内容，展示新中式、水乡风、海派风等建筑风貌，实现历史文化传承和人居环境改善的有机结合。如紧邻月河历史街区的外月河花园小区改造中融入了江南水乡的特质，绢纺三村改造结合了蚕茧、丝线、绸带等绢纺文化元素，为城市发展保留了有迹可循的历史记忆。

又如杭州市滨江区白马湖小区—白鹤苑小区，通过街坊成体改造模式，对片区内沿街商铺进行整体设计，提升了街道整体美观度。结合白马湖景区的场景设计小区绿化，利用河埠头、沿河景观带实现了独一无二的小区风貌（图4-22）。

图4-22 杭州市滨江区白鹤苑南片区航拍图

五、高品质的活力秩序

对于传统的城市特定功能区，推进活化利用，要充分发挥历史文化遗产的使用价值，加大开放力度，更好地服务公众，将其用起来、活起来。对于一些传统功能已经消失的历史文化空间，需要通过专业的策划与规划，植入新的功能与业态，以“微更新”的方式，激活老城区的文化经济活力。通过对老旧小区环境升级与功能优化，挖掘文化记忆，重塑文化品牌，带动片区文化与经济发展，吸引年轻人回流、打卡。

例如，杭州市临安区推进“街区化”改造，涉及老旧小区35个、房屋623幢，惠及居民2178户。其中，通过对临安区吕家弄街道进行整修、立面仿古改造、夜景亮灯、文化节点塑造等举措，成功打造吕家弄古风商业街、延续吴越文化，提升营商环境。将老字号店铺与街区古韵通过“景墙+雕塑”的形式立体呈现，重现老城区的独特风貌和文化特色，使吕家弄又一次“重获”新生，成为临安新晋“网红打卡地”，不仅激活了吕家弄的夜经济，更诞生了临安区首个具有市井文化辨识度的地标IP——锦城·幸福里，进一步带动了吕家弄沿街商贾涅槃重生（图4-23）。

图4-23　杭州市临安区吕家弄成为新晋“网红打卡地”

第六节 探索城市更新下的城市运营商模式

一、城市运营商模式的演变

（一）兴起：引导新城开发的城市运营商

“城市运营商”的概念起源于“城市运营”，是在“经营城市”的理念下衍生出的一个新理念，最早由我国的城市策划学者提出。当时，经历了1998年全国性的住房制度改革，我国房地产市场“商品化”时代正式到来，时任中国房地产业协会秘书长对2002年的中国房地产市场进行描述：“快速增长、供需两旺。”据国家统计局数据，2002年房地产开发投资完成额继续大幅增加，达到7736.42亿元，同比增长21.9%；全国房地产开发企业房屋竣工面积为34975.75万m^2，房地产业在国民经济的发展中占据越来越重要的位置。针对局部地区房地产过热的倾向，国家相关部门也发文强调，要加强房地产市场宏观调控，促进房地产市场健康发展。此时，不少行业专家认为中国的城镇化发展进入了新的历史时期，房地产市场要理性发展，单纯依靠房地产开发很难保证城市整体的综合建设，需要向城市运营转移。

2003年，中国城市土地运营博览会在深圳举行，会议中产生了中国十大运营商推介策划案。2003年10月，国土资源部办公厅发布第78号文件，首次以政府发文的形式明确了城市运营商的概念，至此，这一概念开始进入公众的视野[130]。

然而在这个阶段，“城市运营商”概念依然服务于城市大规模增量建设的时代，当时房地产市场和商业地产开发较热，因此其概念应用范围也相对较窄。从政府角度来看，强调的是在激烈的城市竞争中实现政府土地经营，即通过政府手段引导城市开发，如利用土地招商引资；从房地产市场角度来看，这一概念是指运营城市或区域的发展商，最终产品是建设一座符合市政规划要求的新城区或新城区的有机组成部分[131]，房地产商通过扩大经营活动来实现区域价值提升，从而实现住宅售卖、店铺招商等目的，如商业地产运营等。

（二）发展：聚焦城市更新的城市运营商

当前，随着城市发展从增量时代转向存量时代，“城市运营”理念进一步扩展，不再局限于城市土地经营，还包含了投融资机制、物业管理、民生工程以及后期运营等诸多内容，运营区域也不再针对新城区，而是包括了老旧城区。这是对“城市经营”理念的一种升华，从短期经营向长期运营的转变，具有非常鲜明的中国特色。

城市运营的最终目的是要把城市的自然资源（如土地、植物、建筑、道路等）和人文资源（如遗产、习俗、文化等）进行整合，有效地通过运营的方式推向市场，从而提高城市的核心竞争力，提高城市经济发展水平，进一步提升城市居民的生活质量。因此，城市运营是一个系统性、整体性的工程。

所谓城市更新下的“城市运营商”模式，是指政府通过市场竞争机制，将一定区域范围内的城市基础设施的运维、配套服务及民生保障等交由一家专业性的机构来完成。政府将划定区域内的存量资源（如整合存量物业使用权、道路资源等）通过一定年限内使用权评估后的价值作为“城市运营商”的基础性收入，这也是“城市运营商”要完成该区域内城市基础设施的运维、配套服务及民生保障的基础保证。

1. 大物业综合运营模式

“大物业”是立足生活服务、物业服务、社区治理等领域，针对老旧小区集中片区，通过推动专业物业服务企业与社区合作，以进驻社区或与社区共同成立物业服务企业等方式，推动无物业小区逐步实现从“靠社区管”到“居民自管”再到“有物业管”的综合运营模式。

当前，部分老旧小区因为规模小、经营空间缺乏，导致物业引进难或者物业自我造血能力不足。大物业综合运营模式不仅解决了失管小区的“管理引入”难题，在一定程度上扩大了物业管理规模，给予了大物业运营商更大的发挥空间。一是政府可以将小区围墙外的市政服务给到大物业管理，二是大物业除了提供基础的居民服务，还可以通过社区产品运营、养老、社区教育等渠道，拓展多元社区增值服务，以满足业主的多样化需求，还可以在拓展住宅物业、商业物业、公众物业等多元化物业服务产品结构的同时，实现物业业态结构的不断优化。在这种情况下，大物业综合运营可以通过高品质的居民服务收益弥补公共服务投入，从而提高自我造血能力。

例如，杭州市西湖区翠苑街道针对小区中出现的管理缺位、监管不足等现实难点，引入绿城物业进行统管，将原有的52个老旧小区划分为23个物业管理区域，探索物业运营“三位一体”、物业管理“三个转变”、物业服务“四个增效”、物业收支“一个平衡”的“3341”大物业综合运营模式。大物业入驻社区后，社区老年食堂、成长驿站、邻里中心等民生综合体得以规模化的持续运维，打造了适应全龄段的综合服务阵地，同时结合品牌物业自身资源优势，提供了多元化的家政保洁、文体健身等品质生活服务。翠苑街道还通过规范物业收费、开展增值服务、提高增值收入等举措，做到了基层治理效能和物业服务水平有效提升，居民满意度显著提高。

再如宁波市镇海区招宝山街道白龙社区于2022年引入“大物业”管理模式，清退原有低端物业，将社区内5个住宅小区、8幢散居楼和公共区域进行整合，由大物业全面统筹社区物业管理和公共区域维修、养护、管理工作，集养老、托幼、居家、教育等服务功能于一体，实现了“多元共建、综合管理”的片区一体化服务，激活了基层治理新动能。

2. 投建管运一体化运营模式

城市更新项目投入、建设和运营完整周期阶段，通过“设计+施工+运营+物业管理”一体化招标综合评审、EPCO（即政府通过公开招标的方式，引入社会资本全周期参与片区及老旧小区的改造、管理及运营）等方式，提供全过程咨询、规划设计、改造建设、运营服务等一站式专业解决全案。这一模式一方面能够做好建设和运营衔接，减少城镇老旧小区改造工程完工后“质保期内维修难”的问题；另一方面以运营思路在项目前期算好整体资金投入收益平衡账，确保城市更新项目可持续性。在招标投标阶段，综合服务运营商需提供城市更新设计运营方案，明确后期运营权责和标准，实现运营前置；设计施工阶段，确保配建新增空间运营方案的可落地性，加强施工监管，提升施工技术，改变过去粗放化施工模式；物业管理阶段，采用运营总包模式，进行统一化管理；运营阶段，采用数字化技术，搭建统一数据库平台进行核心监管，解决实际运维中可能出现的问题，提升整体运营效率。

例如，北京探索的“劲松模式”就是典型的投建管运一体化模式。2018年，劲松北社区启动老旧小区改造，经过多轮考察、方案评审，劲松街道最终引进了具备“投资、设计、实施、运营”一体化能力的愿景集团来投资改造和后期运营。愿景集团围绕公共空间、智能化、服务业态、社区文化四大类16小类30余项改造内容实施改造，并计划通过物业、停车管理收费，以及养老、托幼、健康等产业收回成本。据愿景集团测算，由于劲松地理位置较为优越，整体租金水平高，可利用空间和坪效都较高，8～10年能收回投资，达到小区自平衡。

劲松模式也逐渐在全国推广，厦门市湖里区东渡片区城市更新项目同样采取EPCO模式，该片区涉及4个社区、25个“无物业”老旧小区。社会资本通过施工利润、停车位的运营等收益，平衡自有资金投入及物业管理缺口，通过“一本大账统筹”，实现片区的自我造血及长效运营。此外，社会资本结合居民需求，投资建设了一些社区配套，包括社区小食堂、日间照顾中心、托育中心等，补齐片区功能短板，并对片区内老旧的金鼎菜市场进行改造，重新进行业态规划及招商，这些新增和改建的配套设施不仅方便了居民，也能够增加社会资本的收益。

（三）延伸：土地一二级市场联动

土地一二级联动开发，指企业可以同时参与土地的一级开发和二级开发。早期我国房地产开发由一家企业通过土地征收、整理，将土地转变为可出让属地后，继续完成项目开发建设。在城市大力开发和新建时期，这会严重影响土地市场公平性，并带来一系列社会问题。由此，《中华人民共和国土地管理法》及自然资源部相关的部门规章规定，对于经营性用地必须通过招标、拍卖或挂牌等方式向社会公开出让国有土地。

城市更新用地的土地一二级市场联动开发，有别于过去“征收—拆迁—开发”这一流程，由于城市更新项目对于营利性的土地和房地产开发有严格管控，很多项目为民生项目，涉及老旧小区改造和维护、历史街区更新和保护，也包括基础设施建设、运维和公共服务设施建设，更强调项目的公益性和社会性，存在前期投资成本高、开发难度大、回收周期长等问题。在这种情况下，此前土地一级开发和二级开发之间所存在的巨大利益差已经不存在。如果不能实现一二级土地联动开发，社会资本介入城市更新项目较难实现收益自平衡，且也很难获得融资支持，因此社会资本参与的积极性十分有限。

在城市更新领域，无论是在老旧厂区、老旧街区、老旧小区，还是城中村的项目中，实施主体将面对一定量的房屋土地的拆迁，如果后期实施主体无法从法律程序上顺理成章地获得土地使用权，那么很多城市更新将失去逻辑。如果在城市更新项目中推行一二级土地市场联动，城市运营商参与一个片区长期规划、运维和后续的改造开发，则能够激发社会资本参与的信心。

城市更新的目的是盘活存量土地资产、低效土地再利用，而不是“摊大饼”式的开发建设。城市更新项目，已经在项目前期通过整体长期规划方案实现公开竞争，竞争中不仅包含土地开发的各项内容，也包含未来数十年与城市规划充分衔接的片区规划，本质上并没有私相授受，与法理并无违背。因此，在未来收益可期、政府债务风险可控的情况下，通过吸引“城市运营商”先期参与改造区域的改造和运营，后期参与土地的整体投资，是一条值得探索的城市更新路径（图4-24）。

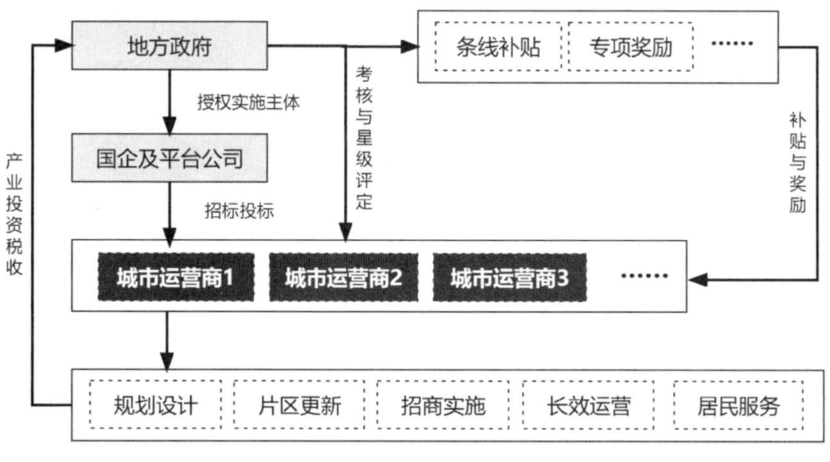

图4-24 “城市运营商”模式

二、城市运营商模式的落地

一方面，城市运营商需要具备以下能力：

一是强大的资源整合能力。城市拥有各种各样的资源，如土地、基础设施、生态环境、文物古迹和旅游资源等有形资产，以及依附于其上的名称、形象、知名度和城市特色文化等无形资产[131]，城市运营商需要在政府规划引导之下，对所在区域的城市资源实现充分整合、合理配置和高效利用。资源整合能力要确保城市运营商不能以土地开发为导向建设，而是要有长远规划意识和产业发展意识，要具备上下游产业的整合能力，如市政（绿化、垃圾、水务等）建设和运维能力、物业管理能力、旅游资源开发能力、社区营造能力、便民服务招商和运营能力、部分公共服务设施建设和运维能力，等等。而对这种能力的要求是一个较高的门槛，会将大部分规模小、资质差的企业排除在外。

二是要实现自我造血功能。这是对城市运营商经营能力的考验，过去房地产商是一种市场化行为，更多的是服务于经营目的，且投入产出计算方式相对简单，但城市更新项目有别于一般的新建项目，过去更多依赖于政府兜底，而引入城市运营商则不能依赖政府补贴过日子，也不能给城市运营商一种“等靠要”思维，而是需建立一套完整的服务、运营和维护的体系，通过为居民提供高品质的保障服务、购买服务和自身经营收入，实现自我盈利、资金平衡。且城市运营商不能以一个地块的投入产出为评判标准，而应从整个片区的持续回报研究城市运营项目的可行性，让资本发挥更大价值[132]。

三是具备全方位、综合性强的人力资源。由于城市更新项目具有复杂性，

“城市运营商”在完成政府交办的治理任务同时，也会参与小区的物业管理和服务。这需要多领域、专业化的人才，既包括了解规划、金融、文旅、文化等行业的专家，也包括从事物业管理、保洁、安保、上门服务、助老为老、托育等的服务人员，通过更多的人才更好地做好资源整合。

另一方面，政府可以从以下几个方面着力推动城市运营商模式落地：

一是加强专业运营主体引培。城镇老旧小区管理有别于新建小区管理，政府应加大激励政策，以奖补、税收减免等方式，引入、培育优质社区综合服务城市运营商和养老、健康、托幼、文化、商业等专业服务运营商，以及针对老旧小区管理的专业运营主体，开展精细化管理服务。政府可以建立“城市运营商红黑榜”，对全市或全区城市运营商进行评级管理，实现共建共享、资源双向匹配。

二是完善城市运营商投融资政策支持。许多城市更新项目融资需求巨大，但由于项目实际周期较长、整体项目盈利情况不确定，较难获得金融机构的投资。政府通过出台金融政策，围绕城市更新项目的金融需求，优化金融、信贷、基金等金融市场，鼓励金融机构创新服务产品，提供包括融资咨询、股权融资、项目贷款等全方位、一体化的综合金融服务，为城市运营商开拓更为广泛的融资渠道，支持城市更新项目在多层次资本市场开展融资。此外，可以通过政府补贴、容积率奖励、容积率转移等形式，为城市运营商提供资金、用地补偿，实现利益平衡。

三是推动建立城市运营商准入退出机制。通过制定运营商服务标准和细则，定期考察运营机构收支、人流等可持续运营情况，开展居民满意度书面计分评价等方式进行服务质量考核，做到“服务在先、支付在后、考核同步”，保障高水平的社区服务。对“城市运营商”的区域治理服务的考核应该由多元参与者评估完成，包括平台、政府条线、居民、企业自评、媒体监督、社会体验等，实行相应的权重考核并进行星级评定，根据不同的星级确定其收费标准并给予不同的奖励补贴，确保良性的市场竞争机制。对于不履行职责的运营商则进行通报，对于考核多次不合格且不整改的公司，可以要求强制退出，重新聘选新的城市运营商进驻。

三、城市运营商模式的远景

（一）推行城市更新项目全周期管理

在政府引导下，城市运营商通过将EPCO模式、“投资＋设计施工＋运营＋

物业管理”等一体化招标综合评审方式介入到城市更新项目中，能够促进城市更新长效运营理念更好落地。城市运营商通过出台配套中标片区的长效管理机制，完善服务规范标准、各类收费标准和经营性收益管理等，推动专业化、常态化、制度化管理。

同时，城市运营商要确保城市更新项目财务平衡，能够从长远运营管理着手，通过高质量、高效率的资源整合、资产管理，从“好房子”到“好街区”，满足人民美好生活需要，实现可持续高质量的城市更新。

政府则应该通过金融、土地等政策支持，更好地规范城市运营商的长远发展，一方面做好城市体检，做好有收益项目和无收益项目的评估测算工作，能够支持城市运营商合理介入，另一方面应推行规划设计、项目策划、建设管理运营一体化推进，鼓励土地功能混合和用途兼容，支持混合统筹管理用地类型。

（二）推动城市更新运营数字化转型

城市运营商通过资源整合，引入先进的管理理念和技术手段，为社区提供专业化的管理服务，打造专业、高效的运营、管理、服务一体化平台，赋能社区治理、公共服务、物业管理智能化，满足居民的多样化、个性化需求，提升居民的满意度和归属感。

“城市运营商”发挥自身的经营优势，在完成民生保障服务的同时，开展高品质的经营性服务，既有利于增加“城市运营商”的收入，又有利于完善居住社区的圈层建设，更能够发挥市场能动性。

随着科技的发展，城市运营商积极推动技术创新和数字化转型，引入智能化系统和解决方案，如建设智慧指挥平台能够更好地实现人、物等资源调配，在整个片区内实现资源共享；引入智能化设备能够更好地监测片区内项目情况，如智慧消防、智慧安防等能够通过预警系统有效提升片区应急管理处置能力，提升城市的管理效率和服务质量。

同时建设的数字系统能够将城市居民资源信息连接、打通，实现“社区+城区”一体化的全域多跨场景互动。全域智能运营模式通过智能设备与社区空间、社区服务的结合，将数字化贯穿于居民生活的方方面面，提升城镇老旧小区治理和运营效能，不仅有助于提高城市居民的生活质量，还能为城市的经济发展和创新提供有力支持。

（三）优化产业结构和空间布局

目前城市存量土地中还存在着大量零散用地、低效用地，城市还存在着发展不均衡现象，一方面废旧厂房、旧房屋闲置，另一方面旧居住区公共配套缺失、公共空间不足的情况长期存在。城市运营商通过土地一二级市场联动，能够基于可持续发展的目标，在区域范围内，根据区域禀赋、城市规划和发展需求，盘活存量土地资产、低效土地再利用，用以弥补区域配套、业态方面的不足，逐步形成更具互动性、平衡性的空间布局。城市运营商以社会资本参与到城市更新项目中，不再是纯商业项目开发，而是社会环境、公共空间整体营造，具有民生价值，要做到充分平衡社会公益价值和企业利益价值，通过提供科学策划、产业招商、长效运营服务引入匹配的产业和业态，而城市运营商通过提供长期高品质服务，获得市场化收益，并通过盘活片区市场，获得一部分增值收益，用以弥补其在片区城市更新项目的持续投入。

结　语

历经几十年的城镇化进程，我国城市发展进入到从“有没有”转向“好不好”、由“外延式”转向“内涵式”发展的城市更新重要时期。据《国家人口发展规划（2016—2030年）》估计，我国常住人口城镇化率在2030年将达到70%。因此，实施城市更新行动，是城市建设进入新阶段的必然选择，是助力城市高质量发展的重要手段，对不断满足人民群众日益增长的美好生活需要具有重要意义。城市更新的主要目标，即坚持以人民为中心，推动从好房子到好小区，从好小区到好社区，从好社区到好城区，把城市规划好、建设好、治理好，努力打造宜居、韧性、智慧城市。

针对城镇化进程中暴露的诸多现实问题，全国各地积极探索推进、广泛响应，以城市更新为抓手，在补齐城市短板、提升城市功能、增强城市活力、修复城市生态等方面均取得了实质性进展。城镇老旧小区改造作为保民生、稳投资、扩内需的重大民生工程和发展工程，一头连着民生福祉，一头连着城市更新。当前，城市更新驶入快车道，城镇老旧小区改造工作也在如火如荼地进行中，这是社会各界开展理论与实践研究的热议话题，更是切实提高人民群众安全感、获得感、幸福感的关键领域。

随着老旧小区改造工作的持续推进，老旧小区环境得以改善，居民生活品质得以提升，然而在存量更新的新时代背景下，目前老旧小区改造实施的模式难以从根本上解决现实困境，难以彻底满足人民群众对美好生活的期待。城镇老旧小区改造如何从问题导向、目标导向出发，找准影响城市竞争力、承载力和可持续发展的短板弱项，解决人民群众急难愁盼问题，是一个边摸索边前进的过程，不能一蹴而就，仍需要打破传统思维，加强系统观、大局观和长远观，创新城市更新可持续发展新通道，以应对未来的诸多挑战。

勠力同心，和衷共济，期待与社会各界携手，怀着“初心如磐，奋楫笃行”的坚定信念，探索城镇老旧小区改造的“新通道”，开拓城市高质量发展的“新空间”，共创共同富裕的“新未来”！

参 考 文 献

［1］吴良镛．北京旧城与菊儿胡同［M］．北京：中国建筑工业出版社，1994．

［2］Chuanglin F, Danlin Y. Urban Agglomeration: An Evolving Concept of an Emerging Phenomenon [J]. Landscape and Urban Planning, 2017, 162(6):126-136.

［3］伊利尔·沙里宁．城市：它的发展、衰败与未来［M］．北京：中国建筑工业出版社，1986：16．

［4］曹恺宁．城市有机更新理念在遗址地区规划中的应用——以西安唐大明宫遗址地区整体改造为例［J］．规划师，2011，27（1）：46-50．

［5］伍江，周鸣浩．城市有机更新简论［J］．当代建筑，2023（6）：26-29．

［6］蔡辉，贺旭丹．新城市主义产生的背景与借鉴［J］．城市问题，2010（2）：8-12．

［7］刘勇．基于新城市主义理念的城市住区模式及其启示［J］．西北大学学报（自然科学版），2012，42（4）：663-666．

［8］张侃侃，王兴中．可持续城市理念下新城市主义社区规划的价值观［J］．地理科学，2012，32（9）：1081-1086．

［9］张衔春，胡国华．美国新城市主义运动：发展、批判与反思［J］．国际城市规划，2016，31（3）：40-48．

［10］张衔春，牛煜虹，龙迪，等．城市蔓延语境下新城市主义社区理论在中国的应用研究［J］．现代城市研究，2013（12）：22-29．

［11］杜立柱，杨韫萍，刘喆，等．城市边缘区“城市双修”规划策略——以天津市李七庄街为例［J］．规划师，2017，33（3）：25-30．

［12］新华社．中共中央 国务院关于进一步加强城市规划建设管理工作的若干意见［EB/OL］．［2016-2-21］．https://www.gov.cn/zhengce/2016-02/21/content_5044367.htm．

［13］中华人民共和国住房和城乡建设部．住房城乡建设部关于加强生态修复城市修补工作的指导意见［EB/OL］．［2017-3-6］．https://www.mohurd.gov.cn/gongkai/zhengce/zhengcefilelib/201703/20170309_230930.html．

［14］雷维群，徐姗，周勇，等．“城市双修”的理论阐释与实践探索［J］．城市发展研究，2018，25（11）：156-160．

［15］杜立柱，杨韫萍，刘喆，等．城市边缘区“城市双修”规划策略——以天津市李七庄街为例［J］．规划师，2017，33（3）：25-30．

［16］颜会闾，王晖．“城市双修”背景下的哈密市老城区建筑品质适应性提升途径［J］．规划师，2019，35（5）：53-59．

［17］张晓东，杨青，严莹．“城市双修”背景下的老旧社区更新策略研究［J］．建筑经济，2021，42（4）：78-82．

[18] Newman P. The Environmental Impact of Cities. Environment and Urbanization, 2006, 18(2): 275-295.
[19] 杨雪芹．基于可持续发展的城市设计理论与方法研究［D］．武汉：华中科技大学，2010.
[20] 成文利．城市人居环境可持续发展理论与评价研究［D］．武汉：武汉理工大学，2004.
[21] 联合国．可持续的城市和人类住区［EB/OL］. https: //sdgs.un.org/zh/topics/sustainable-cities-and-human-settlements.
[22] 陈鹏．“社区”概念的本土化历程［J］．城市观察，2013（6）：163-169.
[23] 许冰清．如何理解“中国式社区”［M］．第一财经杂志，2021（2）：72-77.
[24] 理查德·T·勒盖茨，弗雷德里克·斯托特．城市读本（中文版）［M］．北京：中国建筑工业出版社，2013.
[25] 徐丹．西方国家第三部门参与社区治理的理论研究述评［J］．社会主义研究，2013（1）：84-88.
[26] 姚何煜，王华．城市社区治理的组织结构探析［J］．华东经济管理，2009，23（4）：131-134.
[27] 陈潭，史海威．社区治理的理论范式与实践逻辑［J］．求索，2010（8）：82-83，144.
[28] 宋蔚，王斌．网络化治理理论与社区治理路径创新［J］．领导科学，2019（24）：36-39.
[29] 庄晓惠，郝佳欣．社区治理理论视角下我国城市居民委员会的角色重塑［J］．广西社会科学，2016（11）：160-164.
[30] 高红，杨秀勇．社会组织融入社区治理：理论、实践与路径［J］．新视野，2018（1）：77-83.
[31] 邓国胜，程令伟．物业管理融入城市社区治理的理论逻辑与路径创新［J］．城市发展研究，2021，28（9）：87-91，124.
[32] 安德鲁·塔隆．英国城市更新［M］．上海：同济大学出版社，2017.
[33] 李昂轩．英国城市更新的进程对我国的启示［J］．特区经济，2019（3）：101-103.
[34] 忻晟熙，李吉桓．从物质更新到人的振兴——英国社区更新的发展及其对中国的启示［J］．国际城市规划，2022，37（3）：81-88.
[35] WILLS J. Emerging Geographies of English Localism: The Case of Neighbourhood Planning [J]. Political Geography, 2016(4): 43-53.
[36] 谭肖红，乌尔·阿特克，易鑫．1960—2019年德国城市更新的制度设计和实践策略［J］．国际城市规划，2022，37（1）：40-52.
[37] 范利，乌尔·阿特克，蔡智，唐燕．国家资助引导下的德国城市更新［J］．国际城市规划，2022，37（1）：16-21.
[38] 陈红枫．构建可持续发展目标导向的省级空间规划体系——法国城市规划法规启示［J］．经济研究导刊，2017（3）：192-195.
[39] 杨辰，周嘉宜，范利等．央地关系视角下法国城市更新理念的演变和实施路径［J］．上海城市规划，2022（6）：97-103.
[40] 刘琳．美国城市更新发展历程及启示［J］．宏观经济管理，2022（9）：83-90.
[41] 刘伯霞，刘杰，王田，等．国外城市更新理论与实践及其启示［J］．中国名城，2022，36（1）：15-22.
[42] 唐斌．新加坡城市更新制度体系的历史变迁（1960年代—2020年代）［J］．国际城市规划，

2023，38（3）：31-41，53.
[43] 陈思宇. 新加坡如何进行城市更新？[J]. 城市开发，2022（1）：56-59.
[44] 刘珊，吕斌. “团地再生”的模式与实施绩效——中日案例的比较[J]. 现代城市研究，2019（6）：118-127.
[45] 胡嘉诚，李奕成，周建华. 基于“事业伙伴”的日本团地再生策略、方法探究——以云雀之丘团地为例[J]. 装饰，2021（11）：39-44.
[46] 沙永杰. 日本历史建筑保护再利用的两种用意[J]. 城市建筑，2018，304（35）：70-72.
[47] 杨玉红. 沪约七成旧式石库门里弄被拆 专家吁石库门申遗[N]. 新民晚报，2015-10-12.
[48] 上海黄浦区人民政府网. 首创“抽户更新”保留石库门风貌，为居民打造独立厨卫，百年“承兴里”迎来新生[EB/OL]. [2019-6-26]. https://www.shhuangpu.gov.cn/xw/001009/20190626/1dc80af8-82b6-42bb-9aa6-16d431ad16d7.html.
[49] 朱奕奕. 解放前的上海老居民楼重焕生机，成套改造让居民有了独立厨卫[EB/N]. 澎湃新闻，2018-09-28. https://www.thepaper.cn/newsDetail_forward_2477924.
[50] 上海市历史建筑保护事务中心. “面”“里”兼修 | 永嘉新村保护修缮实[EB/OL]. [2022-7-21]. https://mp.weixin.qq.com/s/XObDu2infLMSDfzeUx5Bpg.
[51] 陈月芹. 壮丽70年·奋斗新时代 | 住房发展：让全体人民住有所居[N]. 中国建设报，2019-9-17.
[52] 杨辰. 上海工人新村：一种社会主义城市的空间样本[EB/OL]. [2018-4-4]. https://www.thepaper.cn/newsDetail_forward_2056948.
[53] 工程建设标准化信息网. 国家建筑标准设计五十年[EB/OL]. [2006-6-16]. http://www.ccsn.org.cn/News/ShowInfo.aspx?Guid=2332.
[54] 城市建设部勘测设计局. 1957年全国民用建筑标准设计目录 第2册 居住建筑[M]. 北京：城市建设出版社，1957.
[55] 唐文，宋晓菲. 建国初期居民区的苏联建筑模式设计研究——以武汉红钢城九街坊为例[J]. 艺术与设计（理论），2015，2（10）：75-77.
[56] 长沙市雨花区人民政府网. 麻园湾里气象新：雨花区首批筒子楼“返老还童”[EB/OL]. [2022-8-26]. http://www.yuhua.gov.cn/zwgk97/xxgkml/384213/qrjhjj14/zwdt6270/zwyw19/202208/t20220826_10764794.html.
[57] 姜慧梓，危旧楼改造“原拆原建”可行吗？[N] 丰台时报，2023-11-13（5）.
[58] 杭州市萧山区人民政府. 关于萧山区2021年度老旧小区综合改造提升——城厢街道俊良社区崇化三区块综合改造提升工程初步设计的批复[EB/OL]. [2021-10-22] https://www.xiaoshan.gov.cn/art/2021/10/22/art_1229416528_59052663.html.
[59] 陈友华，佴莉. 从封闭小区到街区制：可行性与实施路径[J]. 江苏行政学院学报，2016（4）：50-55.
[60] 中国政府网. 国务院关于深化城镇住房制度改革的决定[EB/OL]. [2010-11-15]. https://www.gov.cn/zhuanti/2015-06/13/content_2878960.htm.
[61] 北京市人民政府网. 印发《关于加强城镇国有土地上依法建造住宅维修工作的指导意见》的通

知[EB/OL].[2021-7-29]. https: //www.beijing.gov.cn/zhengce/zhengcefagui/202108/t20210805_2457009.html.

[62] 中国政府网. 广东省公有房产管理办法[EB/OL].[2002-5-28]. https: //www.gov.cn/zhengce/2021-12/15/content_5720583.htm.

[63] 中国法院网. 上海市城镇公有房屋管理条例实施细则[EB/OL].[1991-1-29]. https: //www.chinacourt.org/law/detail/1991/01/id/53614.shtml.

[64] 池梦蕊. 北京东城上半年共拆违5.2万平米 推动核心区进一步静下来[EB/OL].[2023-7-25]. http: //bj.people.com.cn/n2/2023/0725/c14540-40506294.html.

[65] 中华人民共和国住房和城乡建设部. 建设部、国务院住房制度改革领导小组、财政部关于印发《城镇经济适用住房建设管理办法》的通知[EB/OL].[2001-8-21]. https: //www.mohurd.gov.cn/gongkai/zhengce/zhengcefilelib/200108/20010821_157519.html.

[66] 北京市人民政府. 北京市住房和城乡建设委员会关于印发《北京市公共租赁住房后期管理暂行办法》的通知[EB/OL].[2013-7-25]. https: //www.beijing.gov.cn/zhengce/gfxwj/201905/t20190522_57632.html.

[67] 武汉住房保障和房屋管理局. 引入社会资本 老旧小区“改”出幸福新生活[EB/OL].[2023-10-31]. https: //fgj.wuhan.gov.cn/hdjl_44/jdxw/202310/t20231031_2291317.shtml.

[68] 孙小蕊，吴言. 以“新”换“心”民生工程暖人心[N]. 洛阳日报，2022-9-27(1).

[69] 斐迪南·滕尼斯. 共同体与社会[M]. 北京：商务印书馆，1999.

[70] 王世强. 构建社区共同体：新时代推进党建引领社区自治的有效路径[J]. 求实，2021(4)：42-52，110.

[71] 梁浩，王佳琪，龚维科. 老旧小区改造促进传统住宅物业管理转型升级[J]. 城市发展研究，2021，28(8)：1-5.

[72] 张锦文. 今年6月底前曲靖中心城市老旧小区全部要有物业管理[N]. 曲靖日报，2022-4-1.

[73] 邕桂. 南宁“委托制物业”模式破解社区“失管”难题[N]. 中国建设报，2022-7-26(5).

[74] 董翔，颜芳. 南京2300多无物业老小区实现高标准基本管理全覆盖——从“老破小”到美好家园[N]. 新华日报，2022-1-24(22).

[75] 资阳市住房和城乡建设局. 推进物业管理全覆盖 提升城市小区居住品质[EB/OL].[2023-3-30]. http: //sjsj.ziyang.gov.cn/contents/43/2171.html.

[76] 孙小蕊. 年底前329无主管小区将大变样[N]. 洛阳日报，2022-5-25(2).

[77] 李长乐. 今年年底老旧小区物业覆盖率达30%[N]. 成都日报，2023-10-18(6).

[78] 陈俊琦. 有人管 真宜居 山西开展无物业管理小区清零行动[N]. 山西日报，2022-2-23.

[79] 胶东在线. 芝罘区现有老旧小区128个 今年改造21个小区[EB/OL].[2022-9-8]. https: //www.jiaodong.net/news/system/2022/09/08/014356024.shtml.

[80] 吴晓林，徐圳，乔琳琳. 空间、制度与治理：两岸三地城市商品房社区治理的比较[J]. 甘肃行政学院学报，2019(2)：52-65.

[81] 新京报. 截至8月20日，北京全市业委会(物管会)组建率达96.8%[EB/OL].[2022-10-28] https: //baijiahao.baidu.com/s?id=1747912211617415518&wfr=spider&for=pc.

[82] 王军豪. 我市小区业委会组建率达49.39% [N]. 聊城日报，2022-1-20 (A3).

[83] 张峰. 小区成立业委会居民有了当家人 [N]. 南方日报，2023-4-4 (HC2).

[84] 王金涛，陈国洲. 这里的小区，业主说了算：重庆璧山探索“党建引领、小区治理”[J]. 半月谈，2021，9 (17).

[85] 中国江苏网. 没有物业，业主自治小区现在如何了？[EB/OL]. [2022-4-13]. https: //k.sina.com.cn/article_2056346650_7a915c1a01901jm4e.html.

[86] 张国宗，罗千买，范栩侨，等. 产权单位管理模式下的老旧小区物业管理对策研究 [J]. 工程管理学报，2021，35 (6)：149-154.

[87] 北京市人民政府.《北京市住房和城乡建设委员会关于在老旧小区改造中进一步完善物业管理工作的意见》[EB/OL]. [2023-8-9]. https: //www.beijing.gov.cn/zhengce/zhengcefagui/202308/t20230810_3219497.html.

[88] 南京江宁区人民政府. 关于明确产权单位对老旧小区管理责任的通知 [EB/OL]. [2010-5-31]. http: //www.jiangning.gov.cn/jnqrmzf/201810/t20181022_587558.html.

[89] 湖北省建设信息中心. 宜昌：公益物业“先试后买”破解老旧小区管理难 [EB/OL]. [2023-5-17]. https: //www.hbcic.net.cn/xw/fzdt/yc/201799.htm.

[90] 李晓菊. 社区变身“新管家”破解小区治理“老大难”[N]. 资阳日报，2023-9-1 (3).

[91] 赵春燕. 社区自治的语义分歧及其现实弥合之可能——基于社区准物业管理经验的考察 [J]. 湖湘论坛，2015，28 (6)：86-90.

[92] 北京市人民政府. 朝阳区探索“五步工作法”牛王庙小区成功实现老旧小区物业管理转型升级 [EB/OL]. [2019-8-13]. https: //www.beijing.gov.cn/ywdt/jiedu/zxjd/201908/t20190813_1835333.html.

[93] 赵志尧. 北京旧城危房改造评析 [D]. 北京：北京建筑工程学院. 2006.

[94] 魏科. 北京危旧房改造的问题与建议——以东城区危旧房改造为例 [J]. 北京规划建设，1997 (5)：49-52.

[95] 清华大学无障碍发展研究院. 日本多项政策与标准，助力高质量无障碍环境发展 [EB/OL]. [2018-12-28]. https: //www.adi.tsinghua.edu.cn/info/tjyd/20291.

[96] 张萍，杨申茂，刘君敏. “在宅养老”住宅体系建设研究 [J]. 现代城市研究，2013，28 (6)：108-115.

[97] John Keung. No More Barriers: Promoting Universal Design in Singapore. Urban Solutions. 2015, 6(2): 36-41.

[98] 吴玉韶，李晶. 巩固家庭养老基础地位 [N]. 北京日报，2023-7-10 (10).

[99] 陈敦坤. “行政/自治”二重态：法治视野下社区工作站的角色定位 [J]. 地方治理研究，2023 (3)：28-37，79.

[100] 王义. 从整体性治理透视社区去“行政化”改革 [J]. 行政管理改革，2019 (7)：54-60.

[101] 边防，吕斌. 转型期中国城市多元参与式社区治理模式研究 [J]. 城市规划，2019，43 (11)：81-89.

[102] 张敏. 5万亿老旧小区改造市场：社会资本介入 盈利模式待解 [N/OL]. 21世纪经济报道.

[2020-6-6]. https: //m.21jingji.com/article/20200606/9c0fc66427cec6c7f34c15017157ce42.html.

[103] 侯润芳. “老旧小区改造” 提速：规模比去年增1倍 或拉动超3万亿投资 [N]. 新京报，2020-7-21 (A13).

[104] 高自豪，范梦蝶，张跃伟. 基于场所精神的老旧小区景观绿化改造设计 [J]. 城市建筑，2023，20 (18)：194-196，204.

[105] 钱坤. 空间重构：老旧小区社区营造的治理逻辑 [J]. 长白学刊，2021 (3)：137-142.

[106] 中华人民共和国中央人民政府. 国家投入15亿元支持内蒙古487个老旧小区改造. [EB/OL]. [2022-8-30]. https: //www.gov.cn/xinwen/2020-08/30/content_5538539.htm.

[107] 中华人民共和国住房和城乡建设部. 长春市：民呼我应、统筹推进，城镇老旧小区改造成效显著. [EB/OL]. [2023-2-17]. https: //www.mohurd.gov.cn/xinwen/dfxx/202302/20230217_770329.html.

[108] 刘如兵，夏长贤，李存钱. 老旧小区改造资金筹措难点与对策研究 [J]. 建筑经济，2023，44 (8)：80-85.

[109] 胡智棕. 社会资本介入老旧小区改造的可行性研究 [D]. 济南：山东建筑大学，2023.

[110] 王琰，王正. 多元主体参与的老旧小区改造可持续融资机制研究 [J]. 建筑经济，2023，44 (9)：58-62.

[111] 陈鑫. 老旧小区改造中的利益冲突与化解研究 [D]. 重庆：中共重庆市委党校，2020.

[112] 冯琦. 老旧小区改造中利益主体冲突及解决方案研究 [D]. 北京：北京建筑大学，2021.

[113] 赵宏扬. 老旧小区改造工程的质量监管浅析 [J]. 工程质量，2023，41 (8)：10-13.

[114] 赵勇，杜皖露，赵斌斌. 我国城镇老旧小区改造政策研究 [J]. 城市学刊，2023，44 (2)：66-74.

[115] 钟运峰. 老旧小区改造项目成本管理难点和措施研究 [J]. 建筑经济，2021，42 (3)：60-63.

[116] 原超，李妮. 地方领导小组的运作逻辑及对政府治理的影响——基于组织激励视角的分析 [J]. 公共管理学报，2017，14 (1)：27-37，155.

[117] 曾那迦. 那些牵不动的“牛” [J]. 廉政瞭，2022 (16)：22-24.

[118] 兰西县人民政府网. 市委第七专项巡察组关于巡察兰西县城镇老旧小区改造、供热和物业管理民生突出问题的反馈意见 [EB/OL]. [2023-4-26] https: //www.hljlanxi.gov.cn//lx/tzgg/202304/c12_80127.shtml.

[119] 刘雪妍. 三个月走访500户，移栽一棵树太难了 [N]. 解放日报，2022-11-3 (6).

[120] 中华人民共和国住房和城乡建设部. 住房和城乡建设部关于开展2022年城市体检工作的通知 [EB/OL]. (2022-7-4) [2023-11-14]. https: //www.gov.cn/zhengce/zhengceku/2022-07/09/content_5700178.htm.

[121] 赵民，张栩晨. 城市体检评估的发展历程与高效运作的若干探讨——基于公共政策过程视角 [J]. 城市规划，2022，46 (8)：65-74.

[122] 亳州市住房和城乡建设局. 李丰：解读亳州市如何做好城市体检工作. [EB/OL]. [2021-6-18]. https: //www.bozhou.gov.cn/OpennessContent/show/1627339.html.

[123] 中华人民共和国住房和城乡建设部. 关于扎实有序推进城市更新工作的通知. [EB/OL]. [2023-7-10]. https: //www.mohurd.gov.cn/xinwen/gzdt/202307/20230710_773006.html.

[124] 房亚明，王子璇. 从应急到预防：面向城市韧性治理的社区规划策略 [J]. 中共福建省委党校（福建行政学院）学报，2023（2）：91-100.

[125] 约翰•罗斯金著，张璘译. 建筑的七盏明灯 [M]. 济南：山东画报出版社，2006.

[126] 中华人民共和国住房和城乡建设部. 关于加强历史建筑保护与利用工作的通知 [EB/OL]. [2017-9-20]. https: //www.mohurd.gov.cn/gongkai/zhengce/zhengcefilelib/201709/20170922_233378.html.

[127] 中华人民共和国住房和城乡建设部. 关于进一步加强历史文化街区和历史建筑保护工作的通知 [EB/OL]. [2021-1-18]. https: //www.mohurd.gov.cn/gongkai/zhengce/zhengcefilelib/202101/20210126_248953.html.

[128] 王贵美. 构建完整居住社区的实践——以浙江省杭州市德胜新村老旧小区改造为例 [J]. 城乡建设，2021（4）：18-23.

[129] 中华人民共和国中央人民政府. 全国机动车达4.3亿辆 驾驶人达5.2亿人 新能源汽车保有量达1821万 辆. [EB/OL]. [2023-10-10]. https: //www.gov.cn/zhengce/jiedu/tujie/202310/content_6908249.htm.

[130] 周阳. 基于价值链理论的城市运营商的核心竞争力评价 [D]. 天津：天津大学，2019.

[131] 许保利. 城市运营商：未来城市建设的主要承担者 [J]. 中共长春市委党校学报，2004（2）：31-32.

[132] 章洪浩，张健. 城市运营视角下存量空间活化路径思考——以杭州西湖区蒋村片区为例 [C] //中国城市规划学会，成都市人民政府. 面向高质量发展的空间治理——2020中国城市规划年会论文集（02城市更新）. 北京：中国建筑工业出版社，2021：9.